当好安全员丛书

石油化工企业安全员工作指导

主编 刘 建 栗 婧 高玉坤

中国劳动社会保障出版社

图书在版编目(CIP)数据

石油化工企业安全员工作指导/刘建，栗婧，高玉坤主编. —北京：中国劳动社会保障出版社，2012

当好安全员丛书

ISBN 978-7-5045-9742-7

Ⅰ.①石… Ⅱ.①刘…②栗…③高… Ⅲ.①石油化工企业-安全管理 Ⅳ.①F407.7

中国版本图书馆 CIP 数据核字(2012)第 097921 号

中国劳动社会保障出版社出版发行

(北京市惠新东街 1 号 邮政编码：100029)

出 版 人：张梦欣

*

北京金明盛印刷有限公司印刷装订 新华书店经销

880 毫米×1230 毫米 32 开本 7.125 印张 154 千字

2012 年 5 月第 1 版 2012 年 5 月第 1 次印刷

定价：22.00 元

读者服务部电话：010-64929211/64921644/84643933

发行部电话：010-64961894

出版社网址：http://www.class.com.cn

内 容 提 要

石油化工企业中的安全员作为企业中最基层的安全生产管理人员，作用举足轻重。许多安全信息的传递、作业地点与作业人员的安全状态、安全隐患的查处、各种设备的安全防护设施等，凡是与安全有关的问题，都需要安全员来监督检查和督促完成。所以，对石油化工企业安全员进行相应的工作指导，使安全员具有丰富的安全知识，掌握石油化工企业的安全技术，掌握企业危险因素及应急措施，对石油化工企业的安全生产具有十分重要的意义。

本书共分七章，讲述了安全生产基础知识、安全生产法律法规知识、安全生产管理知识、石油化工企业安全生产技术、石油化工企业职业健康知识、事故应急救援知识、安全员应急救护常识等内容。

本书力求简明扼要、深入浅出，以介绍石油化工企业安全生产管理知识和专线安全技术为重点，对安全员工作过程中的危险因素、管理方法、职业病预防措施、应急救护常识等做了详细的阐述，可作为石油化工企业安全员进行安全培训、开展工作的指导性用书，也可作为从事相关领域工作的工程人员参考用书。

本书由北京科技大学刘建、栗婧、高玉坤主编。第一章由刘建、王奕编写，第二章由刘建、林飞编写，第三章由栗婧、汪声、林飞编写，第四章由高玉坤、王晶晶、张超编写，第五章由高玉坤、王奕、姜楠楠编写，第六章由栗婧、姜楠楠编写，第七章由刘建、王奕编写。

前　言

安全员作为企业基层的安全生产管理人员，肩负着企业安全生产的重任，安全员的工作能力与水平直接关系到企业的安全生产水平。所以，安全员应该具备敏锐的安全意识和丰富的安全生产知识，在工作中能够辨识危险源，分析危险、有害因素，及时向领导反映，提出整改意见和措施，把事故扼杀在萌芽状态，确保企业的生产安全和职工的生命健康。

安全员的工作能力不仅要在平时的工作实践中获得，更重要的是要系统地进行理论学习，掌握新的安全技术和方法，不断地把理论应用于实践，用学到的知识指导日常工作，才能使安全管理工作系统化、全面化，不会遗留安全隐患和死角。“当好安全员丛书”正是从这个角度出发，全面、系统地讲述了行业安全生产的特点，安全员需要掌握的相关法律、法规、制度、标准和特定企业的生产技术，以及职业健康和应急救援知识，是为企业安全员量身定做的一套案头必备的图书，适合于安全员定期培训和日常工作参考。此套丛书具有如下特点：

1. 权威性。此套丛书的作者均为安全生产领域资深的专家、学者，在安全生产理论研究领域有所建树，又常深入企业生产一线进行安全生产工作指导，熟悉企业的生产特点。

2. 实用性。此套丛书不仅讲述了企业安全员应该掌握的基本知识，还穿插列举了一些真实案例，并给予恰当的点评，对安全员的工作具有实际指导意义。

3. 专业性。此套丛书除设置一本企业安全员通用教材之外，其他均按行业编写，突出行业特色，更具针对性。

目　　录

第一章 安全生产基础知识

安全，是人类生存和发展的最基本要求，是生命与健康的基本保障；一切生活、生产活动都源于生命的存在，如果人们失去了生命，也就失去了一切，所以安全就是生命。从人类对科学需要的角度来说，科学大致有两个方面：一是人类为满足物质生活和社会文化生活的需要，而对物质生产和精神生产及其规律进行的认识活动和认识的结果，我们称其为生产科学；二是人类为保全自己身心的需求，而对客观事物及其规律进行的认识活动和认识的结果，我们称其为安全科学。在这里，“安全”是广义的，其中包含着人的健康、舒适、愉快乃至幸福。安全现象极为普遍地存在于人类生产和生活的所有活动时间和空间领域，使之司空见惯，反而不易被人们认识其中统一的科学规律性。同时，尽管这门科学和人类利益联系极为密切，但人们对其研究得甚少，更缺乏自觉。因此，需要人们广泛地进行研究，以认识和掌握其中的科学规律，使人们能够更安全地工作和生活。

第一节 安全的基本概念

一、安全的基本概念

一般认为，安全通常是指各种事物对人不产生危害、不导致危险、不造成损失、不发生事故、运行正常、进展顺利的状态。即：安全是指使人的身心不受到危害，感到有保障，太平、圆满等的事物存在与变化状态。安全与否是从人的身心需求的角度或着眼点提出来的；是针对与人的身心存在状态（包括健康状况）直接或间接相关的事或物而言的。对于与人的身心存在状态无关的事物来说，根本不存在安全与否的问题。此外，对于该事物自身可靠性问题，有人习惯性地归入“安全”的范畴，严格地讲不恰当。因为该问题不能界定在安全科学所研究的安全内涵和外延范围之内。这里所说的“相关的事或物”的外延，包括人的躯体和心理存在状态，也包括造成这种存在状态的各种外界客观事物的保障条件。

自人类诞生以来，就离不开生产和安全这两大基本需求。然而，人类对安全的认识却长期落后于对生产的认识。随着生产力和科学技术的高度发展，保障安全的必要性、迫切性和实现安全的可能性都在同步增长。

安全工程中的几个基本概念：

1. 安全指标

安全指标是指在一定的条件下，一个生产（或生活）系统在完成其功能的过程中所产生的事故损失的可接受水平。

2. 本质安全化

本质安全化一般是针对某一个系统（或设施）而言，是表明该系统的安全技术与安全管理水平已达到了本部门当代的基本要求，系统可以较为安全可靠地运行，但并不表明该系统绝对不会发生事故。其原因为：

（1）本质安全化的程度是相对的，不同的技术经济条件有着不同的本质安全化水平，当代本质安全化并不是绝对本质安全化。由于技术经济的原因，系统的许多方面尚未安全化，事故隐患仍然存在，事故发生的可能性并未彻底消除，只是有了将事故损失控制在可接受范围内的可能性。

（2）生产是一个动态过程，许多情况事先难以预料。人的作业还会因健康或心理原因引起某种失误，机器及设备也会因日常检查时未能发现的缺陷而产生临时性故障，环境条件也会由于自然的或人为的原因而发生变化，因此，“人—机—环境”系统日常随机的一般性事故损失并未彻底消除。

3. 危险物质

一种物质或若干种物质的混合物，其化学、物理或毒性特性使其具有易导致火灾、爆炸或中毒的危险。

4. 重大事故

工业活动中发生的重大火灾、爆炸或毒物泄漏事故，并给现场人员或公众带来严重危害，或对财产造成重大损失，对环境造成严重污染的事故称为重大事故。

5. 重大危险源

长期地或临时地生产、加工、搬运、使用或储存危险物质，且危险物质的数量等于或超过国家法律、法规和相关标准规定的一种或一类特定危险物质的单元（或设施）称为重大危险源。

6. 安全评价

安全评价是指对于一个生产（或生活）系统存在的危险性进行的定性和定量分析，得出系统发生危险的可能性及其后果严重程度的评价。在安全评价过程中包括系统安全评价、随机安全评价等。

系统安全评价的对象可以是一个“人—机—环境”系统，也可以是其中某一个子系统。对于企业的系统安全评价就是对企业“人—机—环境”系统本质安全化程度的评价，其标准就是对该企业所属行业客观的“人—机—环境”系统本质安全化程度的控制水平。

系统安全评价是系统安全管理的起点，也是它的归宿。生产系统通过实行系统安全评价，找出问题并整改、运行一个时期后，又需要第二次评价，当其行业的技术经济条件有较明显提高时，就需修订和提高安全评价标准，如此不断评价，生产系统的本质安全化程度将不断提高，使安全生产形成最佳的良性循环。

随机安全评价是对生产过程中随机事故进行的危险性评价。随机安全评价需结合具体生产工作做危险性预先分析，根据分析结果，确定对“人—机—环境”系统应采取的安全措施。这种对事故的预先分析可以是对生产中的危险点做预先分析，即根据危险的性质确定安全管理的对策及定时检查的时间间隔；也可以对每日具体的作业任务进行危险性预先分析，然后确定作业安全技术及管理措施。随机安全评价是日常安全管理工作的主要依据之一。

7. 固有危险度

生产（或生活）中离不开能量，同时能量也是造成生产（或生活）灾害的必要条件。能量寓于生产的物质条件（设备、物料等）中，不同的设备及物料中保有的致害能量是不同的。保有同样能量的设备及物料，当发生事故时，能量自由释放的形式也不相同。因此，造成灾害的程度各不相同。

固有危险度是指一个生产（或生活）系统，由于自身功能的需要必须具备某些设备及物料，其设备及物料失控时可能造成灾害的严重程度。

固有危险度可以用两个参数来确定：

(1) 设备及物料单位计量具有的致害能力。

(2) 系统中拥有各种设备及物料的容量。

一个生产（或生活）系统中拥有大量的设备及物料，不必对其全部进行计算，一般只选择致害能力较大的设备及物料作为计算依据。

必须指出，固有危险度是对系统自身存在危险性的一种量化描述，在分析其致害能力时并未考虑某台设备防护、保护功能的强弱，以及物料控制技术的高低和环境影响因素等外因。文中固有危险度是在不考虑系统本质安全化程度时，对系统中自身物质条件危险性进行的分析。

显然，系统固有危险度是实现其本质安全化的重要依据之一，越是固有危险度大的系统，对其本质安全化程度的要求也应越高。因此，固有危险度应是系统安全评价中的一项重要影响参数。

二、安全的基本特征

安全科学是研究安全的本质及其运动规律的科学。安全的本质是实现“人—机—环境”之间的相互协调。要认识安全的本质，首先就需要探讨其基本特征。安全的基本特征主要表现为：

1. 安全的必要性和普遍性

安全是人类生存的必要前提，安全作为人的身心状态及其保障条件是绝对必要的。而人和物遭遇到人为的或自然的危害或损坏极为常见，因此，不安全因素是客观存在的。人类生存的必要条件首先是安全，如果连生命安全都不能保障，生存就不能维持，繁衍也无法进行。实现人的安全又是普遍需要的。在人类活动的一切领域，人们必须尽力减少失误、降低风险，尽量使物趋向于本质安全化，使人能控制和减少灾害，维护人与物、人与人、物与物之间的协调运转，为生产活动提供必要的基础条件，发挥人和物的生产力作用。

2. 安全的随机性

安全取决于人、物和人与物的关系协调，如果失调就会出现危害或损坏。安全状态的存在和维持时间、地点及其动态平衡的方式等都带有随机性，因此保障安全的条件是相对的，是限定在某个时空的。条件变了，安全状态也会发生变化，故实现安全有其局限性和风险性。

3. 安全的相对性

安全标准是相对的。因为人们总是逐步揭示安全的运动规律，提高对安全本质的认识，向安全本质化逐步逼近。影响安全的因素很多，以明显和潜隐形式表征客观（宏观）安全。安全的内涵引申程度及标准严格程度取决于：人们的生理和心理承受的范围，科技发展的水平和政治经济状况，社会的伦理道德和安全法学观念，人民的物质和精神文明程度等现实条件。安全标准应当成为保护公众的安全规范，并以严格的科学依据为基础。公众接受的相对安全与本质安全之间有差距，现实安全标准是有条件的、相对的，并随着社会物质和精神文明程度的提高而提高。

4. 安全的局部稳定性

无条件地追求绝对安全，特别是巨系统的绝对安全是不可能的。但有条件地实现人的局部安全或追求物的本质安全化，则是可能的、必需的。只要利用系统工程原理调节、控制安全要素，就能实现局部稳定的安全。安全协调运转正如可靠性及工作寿命一样，有一个可度量的范围，其范围由安全的局部稳定性所决定。

5. 安全的经济性

安全与否直接与经济效益的增长或损失相关。保障安全的必要经济投入是维护劳动者的生产流动能力的基本条件，包括安全装置、安全技能培训、防护设施改善、安全与卫生作业条件、防护用品等方面的投入，是保障和再生生产力的前提。安全科学技术（含安全管理）作为第一生产力，不仅可以提高生产效率，而且对维护和保障生产安全运转、人的生命和健康具有重要作用。它作为生产力投入有其馈赠性的经济价值，包括创造的产品本身的安全性能同样含有安全的潜在经济价值。另一方面，安全保障不出现危险、伤害和损坏（本身就减少了经济负效益），等于创造了经济效益。

6. 安全的复杂性

安全与否取决于人、物、环境及其相互关系的协调，实际上形成了人（主体）—机（对象）—环境（条件）运转系统，这是一个自然与社会结合的开放性巨系统。在安全活动中，人的主导作用和本质属性包括人的思维、心理、生理等因素以及人与社会的关系，即人的生物性和社会性，使安全问题具有极大的复杂性。安全科学的着眼点是从维护人的安全角度去研究某系统的状态，最终使该系统成为安全系统。

7. 安全的社会性

安全与社会的稳定直接相关。无论是人为的还是自然的灾害，生产（工人）中出现的伤亡事故，交通运输中的车祸、空难，家庭中的伤害及火灾，产品对消费者的危害，药物与化学产品对人体健康的影响，甚至旅行、娱乐中的意外伤害等，都会给国计民生（包括个人、家庭、企事业单位和社团群体）带来心灵和物质方面的危害，成为影响社会安定的重要因素。安全的社会性另一个重要方面体现在对各级行政部门以及国家领导人或政府高层决策者的影响上。“安全第一，预防为主”为基本国策，反映在国家的法令、各部门的法规及职业安全与卫生的规范、标准中，从而使社会和公众在安全方面受益。

8. 安全的潜隐性

对各类事物的安全本质和运动变化规律的把握程度，总是受人的认识能力和科技水平的局限。广义安全的含义，不仅考虑不死、不伤、不危及人的生命和躯体，还必须考虑不对人的行为、心理造成精神和心理伤害。如何掌握伤害程度的界限及认定公众所能接受的安全标准有待研究，各种产品（特别是化工产品）、医药、人工合成材料、生物工程产品、遗传工程产品等均有许多潜在危害，现今仍有待人们去做深入的专门探讨。客观安全包括明显的和潜隐的两种安全因素，它客观存在而不以人的意识为转移。当今人们认为的安全概念，只能是宏观安全，它包括能识别、感知和控制的安全和无法把握控制的模糊性安全。所谓安全的潜隐性，是指控制多因素、多媒介、多时空、交混综合效应而产生的潜隐性安全程度。人们总是努力地使安全的潜隐性转变为明显性。因此，安全的潜隐性问题亟待人们加以研究，只有通过探索、实践，才能找到实现安全的方法。

第二节　石油化工企业安全生产基本常识

安全生产是企业永恒的主题，是企业生存和发展的先决条件。近年来，国家对安全工作的重视程度越来越高，先后出台了一系列法律法规，把安全工作提升到了法律的高度，这对全体国民、安全工作者提出了更高的要求。“安全第一”“安全生产，人人有责”等口号时刻警示着我们。新的时代是高科技不断涌现，信息化、数字化生产与生存方式将会得到普及的时代，可持续发展战略将是这一时代的主旋律，而安全生产、安全劳动、安全生存、平安、健康、减少灾害等都是人类社会可持续发展的重要内涵。面对新世纪的挑战，如何发展安全科学技术，提高安全管理水平，创造安全的生存环境，将是我们面临的一个严峻课题，安全工作任重而道远。

近年来，国家对安全生产的监管力度显著加大。1998 年施行了《中华人民共和国消防法》（以下简称《消防法》），2002 年先后出台了《危险化学品安全管理条例》《使用有毒物品作业场所劳动保护条例》《中华人民共和国职业病防治法》（以下简称《职业病防治法》）和《中华人民共和国安全生产法》四部法律法规。2008 年修订了《消防法》，2011 年先后修订了《危险化学品安全管理条例》《职业病防治法》。政府的安全监管逐步纳入法制化轨道，企业的安全行为已受到法律的严格约束。安全生产成为国家法律法规管辖的重要领域，谁违反了安全生产的要求，谁就违反了国家法律法规的规定，就要承担相应的法律责任。安全生产已成为衡量社会进步和文明程度的重要标志之一。安全状况不好，不仅影响企业稳定，而且有损企业形象，甚至会拖垮一个企业。因此，各个企业必须结合国家新颁布的各项安全法规，做好“三法两条例”的普法宣传工作，自觉学法、懂法、守法，依法进行生产经营活动。

石油化工行业具有高温高压、易燃易爆、有毒有害、点多面广、技术密集和连续化大生产的特点。石油化工行业的特点对安全工作提出了严格的要求，危险性大、技术密集型的现代化大生产必须要有严格的规章制度来保障它的安全性。石油化工行业多年来形成了一整套规章制度和管理办法，这些规章制度都是实践经验的总结，是用鲜血和生命换来的，这些好传统、好做法是我们的宝贵财富和看家本领，必须认真贯彻执行，绝不能削弱、淡化，更不能丢掉。搞好安全生产就是要掌握并落实好这些制度和规定，抓好预防工作，要戒之于无形，防患于未然。

第三节　安全员的职责

基层安全员是企业安全管理网络中的末梢，这是一个较为特殊也很重要的群体。许多安全信息的传递、作业地点与作业人员的安全状态、安全隐患的查处、各种设备的安全防护设施等，凡是与安全有关的问题，都需要安全员来监督检查和督促完成。

一、安全员的角色

安全员作为企业中最基层的安全生产管理人员，作用举足轻重。但要在岗位上有所作为，充分发挥自身的作用，还需要正确地认识到自身肩负的责任，把握好自己的职权，以高度的责任心开展工作。

1. 安全员的四种角色

(1) 当好“先锋官”。安全员在安全生产上是主角。有的安全员担心自己抓安全得罪人，工作起来有力而不敢使，这主要是对自己在安全工作中的角色认识不到位。因此，安全员要及时找到自己的位置，增强主动性，在自己的职权范围内大胆管理，切实起到“报警器”和“稳定剂”的作用。

（2）做好“二传手”。当好“先锋官”并不是说事事要亲自做，关键是找准自己的位置，一方面为企业领导分忧，另一方面保障职工生命安全和企业财产安全。因此，安全员应积极主动地想办法、出主意，起到上情下达、下情上传的作用，促进企业上下协调配合。

（3）唱好“黑脸”。作为一名安全员，对职工在生产过程中出现的违章行为必须严肃处理，不能感情用事、姑息迁就。要把违章当做事故来对待，切实把安全工作做实做细，从而保证职工生产作业的本质安全。

（4）当好“扫雷兵”。伤害事故的发生是不可避免的，在事故发生后，安全员要挺身而出，迅速采取应急措施，并协助企业认真查找事故原因，主动承担事故责任，采取有效的补救措施，把事故损失降到最低程度。

2. 安全员的类型

目前，越来越多的年轻人走上了安全员的岗位，但他们中的绝大部分是靠师傅带徒弟的方式或靠自己平时的摸索来了解、感悟什么是管理，因此缺乏系统的管理知识。由于安全员一般都不脱产，属于业务和管理“一肩挑”，如果一名安全员没有较高的业务素质，不精通业务细节，不熟悉管理规程，就抓不住工作中的关键环节。常见有所缺陷的安全员的类型如下：

（1）盲目执行型。这种类型的安全员往往缺乏针对性，不能有的放矢地开展工作，表现为态度和作风生硬，给人一种官僚主义的感觉。

（2）大撒把型。有些安全员不是很乐意承担这一岗位职责，工作中往往表现为得过且过，对工作没有责任心。这样的安全员实际上是徒有虚名。

(3) 劳动模范型。在工作中，这种类型的安全员一般踏踏实实、勤勤恳恳，但不能指导、帮助身边的同事一起搞好安全工作。所以，如果不对其进行管理能力方面的培训，他们是很难胜任安全员这一工作的。

(4) 哥们义气型。这种类型的安全员对待同事常常称兄道弟，像哥们一样，在工作中自然也容易感情用事，缺乏原则性。

(5) 生产技术型。这种类型的安全员往往是业务尖子，但缺乏人际关系的协调能力，工作方法比较简单，常常用对待机器的方法来对待同事。

二、安全员的作用

在很多基层企业，班组往往设有安全员，但一般都是兼职的，就是说班组安全员在干好本职工作的同时，还要协助班组长抓好班组的安全管理工作。班组作为企业的基层组织，其安全是否可靠直接关系到企业安全生产大局，而安全员作用发挥得如何，对搞好班组安全生产有着极大的影响。因此，应充分发挥安全员的作用，做好安全生产工作。

1. 组织指导作用

安全员的组织指导作用就是引导职工按照车间、班组的安全生产规章制度开展安全工作。在组织职工开展各项安全生产工作时，应充分发挥其作用，如组织职工做好生产前的准备工作，强调在作业过程中应注意的安全问题等。安全员的组织能力发挥得好，对有效杜绝各类事故的发生将起到至关重要的作用。

2. 宣传教育作用

广泛开展安全生产事故宣传教育是做好安全工作的重要前提。安全员与岗位工人工作在一起，可充分发挥其在职工群众中的宣传阵地作用，利用工间休息时间和日常闲聊时机适时在工人当中进行安全知识宣传教育，这是做好安全工作的一个重要方法。如在生产过程中，可根据生产特点、作业强度等，利用工间休息时间有针对性地进行预防事故的安全知识宣传教育。另外，在每周的安全日活动中，可根据一周以来所开展的工作、完成任务、生产变换等情况，及时在会上进行安全工作分析教育，对出现的事故苗头或上级通报的一些典型事故案例等，组织班组人员进行讨论分析，让职工时刻绷紧安全这根弦，在班组形成时时、处处、事事讲安全的良好氛围。

3. 检查监督作用

抓安全工作，难就难在各项安全制度和措施的落实上。安全员与岗位工人工作在一起，可充分发挥其监督检查作用，把规章制度和安全措施贯彻到日常工作之中。要从点滴入手，严抓细管，从穿衣着装、日常出勤、物品放置等细小环节抓起，从小事上下工夫，严格检查落实各项安全制度，做到事故苗头一露头就有人管，异常情况一出现就有人报，使职工时刻保持清醒的头脑，做到居安思危、防微杜渐、常抓不懈、预防不测，及时消除不安全因素。总之，安全员必须始终如一地履行好自己的安全职责，发挥自己的作用，认真负责地抓好安全工作，经常向领导汇报安全状况和职工的思想动态。

三、安全员的职责和工作特点

安全员不是一种职务，只是一个在生产一线最直接从事安全管理的角色。人们常说，安全员是一个良心活。这种说法虽然不是很贴切，但也反映出安全员工作范围和工作尺度的弹性。对违章行为、事故隐患、预防措施，责任心不强的安全员可以睁一只眼闭一只眼，被查人员还有可能心存感激，但长此下去，发生事故的可能性非常大。因此，安全员必须认真履行自己的职责，在工作中做到严格按规章制度办事，才能杜绝和减少各类事故的发生。

1. 安全员的岗位职责

（1）执行党和国家安全生产、劳动保护方面的方针政策、法规和上级的指示，协助领导做好安全生产管理工作。

（2）和技术人员一起制定单项工程安全技术措施，协助项目领导检查安全制度的落实情况。

（3）深入现场检查指导安全工作，发现隐患，及时组织处理，制止违章作业和违章指挥行为。

（4）参加班组安全活动，指导班组安全员的业务工作，检查班组日志。

（5）随时掌握施工安全生产动态，在生产调度会上及时通报并部署下一阶段的安全工作。

（6）负责现场大型设备及物资运输安全，负责工伤事故处理和上报。

（7）负责劳保用品安全标准检查、监督和保健费的审批发放。

（8）做好安全工作的原始记录，按时上报有关资料和报表，并及时向有关部门汇报工作。

2. 安全员的工作特点

安全员是一线安全工作的指挥员和战斗员，要履行好岗位职责，就不能当“脱产干部”，必须和岗位工人打成一片，坚持做到三个“不脱离”。

（1）不脱离生产任务。在生产工作中要勇于承担重任，凡是需要岗位工人完成的生产任务指标，自己要首先带头完成，以优质、高效、超额的工作成绩赢得职工的信任，树立自己的威信。

（2）不脱离生产现场。既要坚持上好白班，又要经常性地参加夜班生产。只有这样，才能掌握生产现场的真实情况，取得生产全过程的第一手资料，增强安全管理的针对性和及时性。

（3）不脱离班组职工。只有调动班组职工的积极性，才能使班组安全工作水平有所提升。安全员要经常和班组职工沟通交流，帮助他们解决思想困惑以及生活和工作中遇到的实际困难，不使一名班组成员带着思想包袱上岗；要因地制宜地多组织开展一些健康向上、寓安全教育于其中的文体活动，培养团队精神，建设和谐班组；要经常召开班组会议，主动把自己融入集体之中，把自己放到与班组成员平等的位置，和班组成员共同商讨班组安全工作，相互尊重、理解和支持，形成合力。

3. 工作中的常见问题

安全管理工作中安全员是最积极也是最活跃的因素，但安全工作长期与职工打交道，要批评、处罚违章人员，因此也可以说是得罪人的工作。我们看到，安全员与部分职工矛盾冲突大、关系紧张的主要原因是相互之间缺少沟通与理解，职工对待安全的意识、态度与安全员不统一是造成矛盾的关键，主要表现为：

（1）职工安全意识淡薄，安全知识缺乏，不能正确地认识事故隐患。比如，施工中安全员认为存在隐患的地方，操作者却认为没关系，得过且过，或认为安全员没事找事。

（2）不少职工存在侥幸心理、冒险心理、麻痹心理、逆反心理等各种心理障碍，对安全员的提醒不重视，对安全员的管理不服从，我行我素。

（3）一些职工虽然知道违章要受到处罚，并知道严格安全管理是在保障自己的安全，但违章作业所涉及的经济利益要比安全生产所带来的利益更直接，因此存在侥幸心理。

（4）安全员与车间主任、班组长之间认识上不统一，安全管理工作得不到支持，工作难度大。

上述思想认识不解决，安全问题只靠处罚或强制执行来解决，只会增加职工对安全员的反感，甚至对安全工作产生抵触情绪，使矛盾冲突加深。许多安全员往往等到矛盾冲突发生后才想办法解决，使得安全工作较为被动。要改变这种状况，安全员必须充分发挥主观能动性，在平时就要寻找机会主动找职工谈心，通过沟通来寻求共识，提高职工的安全意识，丰富职工的安全知识，以获取职工对安全工作更多的关心、理解和支持。

四、对安全员的要求

1. 具有丰富的安全知识

很多安全员都是“半路出家”，没有系统学习过安全知识，也没有做过安全工作。因此，作为安全员，必须通过不断学习来丰富自身的安全知识，提高安全技能，增强安全意识。一名合格的安全员必须了解国家有关安全生产和职业卫生方面的法律、法规、规章和标准；熟知机械安全、电气安全、特种设备安全、职业病防治、个体防护等方面的有关知识；具有安全生产管理、安全生产技术方面的知识；熟悉本企业、本岗位生产或工艺情况。

2. 具有熟练的操作技能

一名合格的安全员不仅要掌握安全知识，还要具备各岗位的现场操作技能。在指出他人的违章行为时，可以按标准要求以身示范，进行熟练操作，这样才具有说服力。

3. 具有强烈的责任心和认真细致的工作作风

安全员的责任重大，必须树立全心全意为人民服务的思想，对自己的工作负责，对他人的安全负责，哪怕是自己受委屈，也不能放弃自己的工作责任。安全员在工作中还应做到认真细致，牢记“安全在于谨慎，事故出于麻痹”这一道理。在作业或检修工作中，安全员应当是工作最为细致的人，因为在作业人员的意识中，往往认为安全责任是安全员的事，尽管这种想法是不对的，但安全员还是应当尽可能地想到预防事故的方方面面，采取各种有效的防范措施，努力防止安全生产事故的发生，做到防患于未然。

4. 具有强烈的敬业精神、奉献精神

作为一名安全员，首先要热爱安全工作，有了“爱”这个原动力，才能体会到安全管理工作的重大意义、重大责任，才能体会到自己工作的价值，才能全身心地投入到安全工作中去。安全工作是耗费时间和精力的工作，很多工作都需要利用业余时间完成，加班加点、通宵达旦是难免的。因此，只有不怕困难、真正愿意做安全工作、具有奉献精神的安全员，才能真正做好安全工作。

5. 具有坚强的意志

安全员在管理中时常会遇到很多困难，在制止、处罚违章行为时，有的职工不理解，甚至产生抵触情绪；事故调查时“你遮我掩”，没人说明事情的真相。面对众多的困难和挫折，安全员不能畏难退缩，不能消沉，更不能放弃工作原则，要勇于迎难而上，越挫越勇。

6. 具有宽容的心态

安全工作是原则性很强的工作，由于一些职工不理解，安全工作中会发生各种各样的矛盾冲突、争执，一些安全员甚至受到辱骂、指责。这时，安全员应当注意工作方法，耐心疏导。因此，安全员必须具有宽广的胸怀，保持良好的心态，不做不利于工作、不利于团结的事情。

7. 具有解决矛盾冲突的能力

作为一名安全员，难免会遇到各种各样的麻烦，不但不能惧怕矛盾，更要勇敢地面对矛盾。要把处理矛盾作为锻炼自己的工具，要学会解决矛盾，在不断地解决矛盾中提高自己处理问题、解决问题的能力，不能“大事解决不了，小事不屑解决”或大事、小事全向领导汇报。

8. 具有良好的职业道德

品行端正才能树立威信，让人信服。安全员只有自身做得对、具有良好的道德风尚，职工才会接纳他的意见，服从他的管理，抓安全工作才能得心应手。安全工作必须讲原则，保持并维护正确立场不变。对存在的违章行为和事故隐患必须敢于制止，否则将可能导致伤害事故的发生。安全员参与事故调查要做到实事求是、取证充分，在工作中还要不徇私情，做到不怕打击报复，不怕威胁，不怕流言飞语。

9. 具有良好的决断能力

企业的安全生产形势千变万化，即使安全管理再严格，手段再到位，也都会有不可预测的风险。看到潜在的危害事件，做好各项工作的风险辨识；当遇到紧急情况时，应果断地下达命令，启动应急预案；不论何时、何地，遇到何人，事故发生后都能迅速出击、及时处理，把各种损失降到最低程度。

10. 具有良好的身体素质

在工作中，为了安全上不留“死角”，安全员要巡检现场每一个角落。无论是高空装置还是地下设施，都避免不了东奔西走；不论白天黑夜、天气好坏，只要有人作业，安全员就要工作，因此没有良好的身体素质是很难做好安全工作的。

第二章 安全生产法律法规知识

第一节　安全生产法律法规体系构成

目前我国涉及应对突发事件的法律、行政法规和部门规章有128件，其中包括36件法律、36件行政法规、56件部门规章。另外，还有相关文件111件，近期还有一些行业和部门在出台有关应急的规定和要求。这些构成了我国应急法制基础。根据立法机关的不同，我国重大事故应急救援管理的立法包括法律、行政法规及部门规章、地方性法规及规章等内容。

安全生产法律法规是法的组成部分，是保障劳动者在生产经营活动中的生命安全和身体健康的有关法律、法规、规章等法律文件的总称。安全生产法律法规包括国家和地方的有关法律、法规、标准，企业内部的规章制度和技术规范，可接受风险标准以及前人的经验和教训等。

法包括宪法、法律、行政法规、地方性法规和行政规章。

一、宪法

宪法是国家的根本大法，具有最高的法律地位和法律效力。宪法的特殊地位和属性体现在四个方面：一是宪法规定国家的根本制度、国家生活的根本准则。例如我国宪法就规定了中华人民共和国的根本政治制度、经济制度，国家机关和公民的基本权利和义务。宪法所规定的是国家生活中最根本、最重要的原则和制度，因此宪法成为立法机关进行立法活动的法律基础，宪法被称为“母法”“最高法”。但是宪法只规定立法原则，并不直接规定具体的行为规范，所以它不能代替普通法律。二是宪法具有最高的法律效力。宪法具有最高法律权威，是制定普通法的依据，普通法的内容必须符合宪法的规定，与宪法内容相抵触的法律无效。三是宪法的制定与修改有特别程序。我国宪法草案是由宪法修改委员会提请全国人民代表大会审议通过的。四是宪法的解释、监督均有特别规定。例如我国 1982 年宪法规定，全国人民代表大会和全国人民代表大会常务委员会监督宪法的实施，全国人民代表大会常务委员会有权解释宪法。

二、法律

广义的法律与法同义，狭义的法律特指由享有立法权的国家机关依照一定的立法程序制定和颁布的规范性文件。在我国，只有全国人民代表大会及其常务委员会才有制定和修改法律的权力。法律的地位和效力仅次于宪法，高于行政法规、地方性法规、自治法规和行政规章。法律在中华人民共和国领域内具有约束力。

法律是由国家立法机构以法律形式颁布实施的，其制定权属于全国人民代表大会及其常务委员会，并由国家主席签署主席令予以公布。主席令中载明了法律的制定机关、通过日期和实施日期。

关于法律的公布方式，《中华人民共和国立法法》（以下简称《立法法》）明确规定，法律签署公布后，应及时在人民代表大会常务委员会公报和在全国范围内发行的报纸上刊登；此外还规定，人民代表大会常务委员会公报上刊登的法律文本为标准文本。例如《中华人民共和国劳动法》《中华人民共和国安全生产法》《中华人民共和国突发事件应对法》（以下简称《突发事件应对法》）等。

三、行政法规

行政法规是国家行政机关制定的规范性文件的总称。行政法规有广狭二义，广义的行政法规既包括国家权力机关根据宪法制定的关于国家行政管理的各种法律、法规，也包括国家行政机关根据宪法、法律、法规，在其职权范围内制定的关于国家行政管理的各种法规。狭义的行政法规专指最高国家行政机关即国务院制定的规范性文件。行政法规的名称通常为条例、规定、办法、决定等。

行政法规的法律地位和法律效力次于宪法和法律，但高于地方性法规和行政规章。行政法规在中华人民共和国领域内具有约束力。这种约束力体现在两个方面：

一是具有约束国家行政机关自身的效力。作为最高国家行政机关和中央人民政府的国务院制定的行政法规，是国家最高行政管理权的产物，它对一切国家行政机关都有约束力，都必须执行。其他所有行政机关制定的行政措施均不得与行政法规的规定相抵触；地方性法规、行政规章的有关行政措施也不得与行政法规的有关规定相抵触。

二是具有约束行政管理相对人的效力。依照行政法规的规定，公民、法人或者其他组织在法定范围内享有一定的权利，或者负有一定的义务。国家行政机关不得侵害公民、法人或者其他组织的合法权益；公民、法人或者其他组织如果不履行义务，也要承担相应的法律责任，受到强制执行或者行政处罚。

行政法规的制定权属于国务院。行政法规由总理签署，以国务院令公布。国务院令中载明了行政法规的制定机关、通过日期和实施日期。关于行政法规的公布方式，《立法法》明确规定，行政法规签署公布后，应及时在国务院公报和在全国范围内发行的报纸上刊登；此外还规定，国务院公报上刊登的行政法规文本为标准文本。例如国务院发布的《危险化学品安全管理条例》《安全生产许可证条例》等，属于行政法规。

四、地方性法规

地方性法规是指地方国家权力机关依照法定职权和程序制定、颁布的，施行于本行政区域的规范性文件。地方性法规的法律地位和法律效力低于宪法、法律、行政法规，但高于地方政府规章。根据我国宪法和《立法法》等有关法律的规定，地方性法规由省、自治区、直辖市的人民代表大会及其常务委员会，在不与宪法、法律、行政法规相抵触的前提下制定，报全国人大常委会和国务院备案。省、自治区的人民政府所在地的市、经济特区所在地的市和经国务院批准的较大的市的人民代表大会及其常务委员会根据本市的具体情况和实际需要，在不同宪法、法律、行政法规和本省、自治区的地方性法规相抵触的前提下，可以制定地方性法规，报所在的省、自治区的人民代表大会常务委员会批准后施行。

五、行政规章

行政规章是指国家行政机关依照行政职权所制定、发布的，针对某一类事件、行为或者某一类人员的行政管理的规范性文件。《立法法》规定，国务院公报或者部门公报和地方人民政府公报上刊登的行政规章文本为标准文本。

行政规章分为部门规章和地方政府规章两种。部门规章是指国务院的部、委员会和直属机构依照法律、行政法规或者国务院的授权制定的，在全国范围内实施行政管理的规范性文件。例如国家安全生产监督管理总局发布的《安全评价机构管理规定》，属于部门规章。

地方政府规章是指有地方性法规制定权的地方人民政府依照法律、行政法规、地方性法规或者本级人民代表大会或其常务委员会授权制定的在本行政区域实施行政管理的规范性文件。

第二节　安全生产法律知识

一、安全生产法规的概念

安全生产法规是指调整在生产过程中产生的，同劳动者或生产人员的安全与健康以及生产资料和社会财富安全保障有关的各种社会关系的法律规范的总和。安全生产法规是国家法律体系中的重要组成部分，我们通常所说的安全生产法规是对有关安全生产的法律、规程、条例、规范的总称。例如全国人大和国务院及有关部委、地方政府颁发的有关安全生产、职业安全卫生、劳动保护等方面的法律、规程、决定、条例、规定、规则及标准等，都属于安全生产法规范畴。

安全生产法规有广义和狭义两种解释，广义的安全生产法规是指我国保护劳动者、生产者和保障生产资料及财产安全的全部法律规范。因为这些法律规范都是为了保护国家、社会利益和劳动者、生产者的利益而制定的。例如关于安全生产技术、安全工程、工业卫生工程、生产合同、工伤保险、职业技术培训、工会组织和民主管理等方面的法规。狭义的安全生产法规是指国家为了改善劳动条件，保护劳动者在生产过程中的安全和健康，以及保障生产安全所采取的各种措施的法律规范。例如职业安全卫生规程；对女职工和未成年工劳动保护的特别规定；关于工作时间、休息时间和休假制度的规定；关于劳动保护的组织和管理制度的规定等。安全生产法规的表现形式是国家制定的关于安全生产的各种规范性文件，它可以表现为享有国家立法权的机关制定的法律，也可以表现为国务院及其所属的部、委员会发布的行政法规、决定、命令、指示、规章以及地方性法规等，还可以表现为各种安全卫生技术规程、规范和标准。

安全生产法规是党和国家的安全生产方针政策的集中表现，是上升为国家和政府意志的一种行为准则。它以法律的形式规定人们在生产过程中的行为准则，规定什么是合法的，可以去做；什么是非法的，禁止去做；在什么情况下必须怎样做，不应该怎样做等，用国家强制力来维护企业安全生产的正常秩序。因此，有了各种安全生产法规，就可以使安全生产工作做到有法可依、有章可循。谁违反了这些法规，无论是单位还是个人，都要承担法律责任。

二、安全生产法规的特征

安全生产法规是国家法规体系的一部分，因此它具有法的一般特征。

我国安全生产法律制度的建立与完善，与党的安全生产政策有密切的关系。这种关系就是政策是法规的依据，法规是政策的定型化、条文化。在过去很长一段时期，我国的法制很不完备，只能依照党的安全生产政策做好安全生产工作。这时，党的安全生产政策实际上已经起到了法规的作用，已赋予了它一种新的属性。这种属性是国家所赋予的，而不是政策本身所具有的。

随着我国法制建设的发展，有关安全生产方面的法律、法规已逐步完善，用法制的手段来维护企业的安全生产秩序，保证国家安全生产的目的，已成为现实并发挥着重要的作用。

我国安全生产法规的特点有：保护的对象是劳动者、生产经营人员、生产资料和国家财产；安全生产法规具有强制性的特征；安全生产法规涉及自然科学和社会科学领域，因此它既具有政策性特点，又具有科学技术性特点。

三、石化生产安全管理中涉及的主要法规与部门规章

《危险化学品安全管理条例》（国务院令第 591 号）于 2011 年 2 月 16 日国务院第 144 次常务会议修订通过，自 2011 年 12 月 1 日起施行。该条例规定在我国境内生产、经营、储存、运输、使用危险化学品和处置废弃危险化学品，必须遵守该条例和国家有关安全生产的法律、其他行政法规的规定。

《使用有毒物品作业场所劳动保护条例》（国务院令第 352 号）规定用人单位应当依照规定，采取有效的防护措施，预防职业中毒事故的发生，依法参加工伤保险，保障劳动者的生命安全和身体健康。

《特种设备安全监察条例》（国务院令第 549 号）经 2009 年 1 月 14 日国务院第 46 次常务会议通过，自 2009 年 5 月 1 日起施行。该条例规定特种设备生产、使用单位应当建立健全特种设备安全管理制度和岗位安全责任制度。

《安全生产许可证条例》（国务院令第 397 号）规定国家对矿山企业、建筑施工企业和危险化学品、烟花爆竹、民用爆破器材生产企业实行安全生产许可制度。

《危险化学品登记管理办法》（国家经济贸易委员会令第 35 号）自 2002 年 11 月 15 日起施行，按照 2011 年立法计划，国家安全生产监督管理总局监管三司对《危险化学品登记管理办法》进行了修订，形成了《危险化学品登记管理办法（修订草案）》。这是为加强对危险化学品的安全管理，防范化学事故和规范危险化学品登记工作，为危险化学品事故预防和应急救援提供技术、信息支持而制定的，适用于中华人民共和国境内生产、储存危险化学品的单位以及使用剧毒化学品和使用其他危险化学品数量构成重大危险源的单位。

《危险化学品经营许可证管理办法》（国家经济贸易委员会令第36号）自2002年11月15日起施行，规定国家对危险化学品经营销售实行许可制度。经营销售危险化学品的单位，应当依照本办法取得危险化学品经营许可证。

《劳动防护用品配备标准（试行）》（国经贸安全［2000］189号）对劳动防护用品生产、经营和使用提出了具体要求。

《化学品首次进口及有毒化学品进出口环境管理规定》由国家环境保护局、海关总署、对外贸易经济合作部于1994年3月16日发布。该规定的管理范围是化学品的首次进口和列入《中国禁止或严格限制的有毒化学品名录》的化学品的进出口，不包括食品添加剂、医药、兽药、化妆品和放射性物质。第一批列入《中国禁止或严格限制的有毒化学品名录》的化学品共有27种。环境保护部、海关总署2009年第76号联合公告：根据《化学品首次进口及有毒化学品进出口环境管理规定》（环管［1994］140号），我国已批准加入的《关于在国际贸易中对某些危险化学品和农药采用事先知情同意程序的鹿特丹公约》附件三名单的调整，以及海关商品编号调整情况，现修订发布《中国严格限制进出口的有毒化学品目录》（2010年），凡进口或出口上述目录中有毒化学品的，应向环境保护部申请办理有毒化学品进口环境管理登记证和有毒化学品进（出）口环境管理放行通知单。

《工作场所安全使用化学品规定》于 1997 年 1 月 1 日发布实施。管理范围是生产、销售、运输、储存和使用化学品的所有单位和职工，化学品危险性鉴别分类及注册登记，危险化学品的安全标签和安全技术说明书。

《建设项目环境保护管理条例》由国务院于 1998 年 11 月 29 日发布。其目的是防止建设项目产生新的污染，破坏生态环境。

四、石化生产安全管理中涉及的主要标准

《常用危险化学品的分类及标志》（GB 13690—2009）对常用危险化学品按主要危险性进行了分类，规定了危险类别划分的标准及危险品的包装标志。

《剧毒物品分级、分类与品名编号》（GA 57—1993）按照化学类别和毒性大小，将剧毒品分为 A 级有机剧毒品、B 级有机剧毒品、A 级无机剧毒品和 B 级无机剧毒品。

《剧毒物品品名表》（GA 58—1993）列出了 500 多种剧毒化学物品的名称及其编号。

《化学品安全标签编写规定》（GB/T 15258—2009）规定了安全标签应包括的内容和信息以及编写格式，并对标签的印刷和使用做了说明。

《危险货物品名表》（GB 12268—2005）包括九大类近 5 000 种危险化学物品品名。

《职业性接触毒物危害程度分级》（GBZ 230—2010）将作业中接触的原料、成品、半成品、中间体、反应副产物和杂质等化学毒物，经呼吸道、皮肤或口进入人体对健康产生危害的程度，划分为极度危害、高度危害、中度危害和轻度危害四级。

《危险货物包装标志》（GB 190—2009）规定了危险货物包装图示标志的种类、名称、尺寸及颜色等，颁布了21种危险标志。

《常用化学危险品贮存通则》（GB 15603—1995）根据各类危险化学品的特性，提出了储存方式、出入库管理及废弃物处理等方面的要求。

《化学品安全技术说明书内容和项目顺序》（GB 16483—2008）的主要内容是关于MSDS（物质安全数据单，Material Safety Data Sheet）的技术规定。

《危险货物分类与品名编号》（GB 6944—2005）适用于危险货物运输中类、项的划分和品名的编号。

《劳动卫生标准》《化学品环境卫生标准》《消毒剂卫生标准》，由中华人民共和国卫生部颁布。

第三节　石油化工企业安全生产规程

一、工艺操作

1. 运行

（1）严格按工艺规程和安全管理制度进行操作。

（2）操作者必须遵守工艺纪律，不得擅自改变工艺指标。

（3）操作者不得擅自离开自己的岗位。

（4）安全附件和联锁不得随意拆弃和解除，声、光报警等信号不能随意切断。

（5）在现场检查时，不准踩踏管道、阀门、电线、电缆架及各种仪表管线等设施，去危险部位检查，必须有人监护。

(6) 严格安全纪律，禁止无关人员进入操作岗位和动用生产设备、设施和工具。

(7) 正确判断和处理异常情况，紧急情况下，可以先处理后报告。

(8) 在工艺过程或机电设备处在异常状态时，不准随意进行交接班。

2. 开车

(1) 检查并确认水、电、气（汽）是否符合开车要求，各种原料、材料、辅助材料的供应是否齐备、合格。投料前必须进行分析验证。

(2) 检查阀门开闭状态及盲板抽加情况，保证装置流程畅通，各种机电设备及电气仪表等均处在完好状态。

(3) 保温、保压及洗净的设备要符合开车要求，必要时应重新置换、清洗和分析，使之合格。

(4) 安全、消防设施完好，通信联络畅通，危险性较大的生产装置开车，应通知消防、医疗卫生部门到场。

(5) 开车过程中要加强有关岗位之间的联络，严格按开车方案中的步骤进行，严格遵守升降温、升降压和加减负荷的幅度（速率）要求。

(6) 开车过程中要严密注意工艺的变化和设备运行的情况，加强与有关岗位和部门的联系，发现异常现象应及时处理，情况紧急时应中止开车，严禁强行开车。

3. 停车

（1）正常停车必须按停车方案中的步骤进行。用于紧急处理的自动停车联锁装置，不应用于正常停车。

（2）系统降压、降温必须按要求的幅度（速率）并按先高压后低压的顺序进行。凡需保压、保温的设备（容器等），停车后要按时记录压力、温度的变化。

（3）大型传动设备的停车，必须先停主机、后停辅机。

（4）设备（容器）卸压时，要注意易燃、易爆、易中毒等化学危险物品的排放和散发，防止造成事故。

4. 紧急处理

（1）发现或发生紧急情况，先做出妥善处理，同时向有关方面报告。

（2）工艺及机电设备等发生异常情况时，应迅速采取措施，并通知有关岗位协调处理，必要时，按步骤紧急停车。

（3）发生停电、停水、停气（汽）时，必须采取措施，防止系统超温、超压、跑料及机电设备的损坏。

（4）发生爆炸、着火、大量泄漏等事故时，应首先切断气（物料）源，同时尽快通知相关岗位并向上级报告。

二、防火、防爆

1. 生产装置

（1）根据生产、使用化学物品的火灾和防爆危险性等级分类要求，其厂房布置、建筑结构和电气设备的选用、安装及有关的安全设施，必须符合《建筑设计防火规范》（GBJ 16）《中华人民共和国爆炸危险场所电气安全规程（试行）》以及《炼油化工企业设计防火规定》（YHS 01）等规范、规程的有关要求。

(2) 在工艺装置上有可能引起火灾、爆炸的部位，应充分设置超温、超压等检测仪表，报警（声、光）和安全联锁装置等设施。

(3) 在有可燃气体（蒸汽）可能泄漏扩散处，应设置可燃气体浓度检测、报警器，其报警信号值应定在该气体爆炸下限的20%以下，如与安全联锁配合，其联锁动作应是在该气体爆炸下限的50%以下。

(4) 所有自动控制系统，应同时并行设置手动控制系统。

(5) 所有与易燃、易爆装置连通的惰性气体、助燃气体的输送管道，均应设置防止易燃、易爆物质窜入的设施，但不宜单独采用单向阀。

(6) 因反应物料爆聚、分解造成超温、超压，可能引起火灾、爆炸危险的设备，应设置自动和手动紧急泄压排放处理槽等设施。

(7) 应在可燃气体（蒸汽）的放空管出口处设置阻火器，在便于操作的地方设置截止阀，以便在放空管出口处着火时，切断气源灭火。放空管最低处应装设灭火管接头。

(8) 输送易燃物料时，应根据管径和介质的电阻率，控制适当的流速，尽可能避免产生静电。设备、管道等防静电措施，应按《化工企业静电接地设计技术规定》(CD 90A3) 的有关规定执行。

(9) 有突然超压或瞬间分解爆炸危险的生产设备或储存设备，应装有爆破板（防爆膜），导爆筒出口应朝安全方向，并根据需要采取防止二次爆炸、火灾的措施。

(10) 各生产装置、建筑物、构筑物、罐区等工业下水出口处，除按规定做水封井外，尚应在上述区域与水封井间设置切断阀，防止大量易燃、易爆物料突发性进入下水系统。用于易燃、易爆气体的安全阀及放空管，必须将其导出管置于室外，并高于建筑物 2 m 以上。

2. 动火、用火

(1) 应根据火灾危险程度及生产、维修、建设等工作的需要，经使用单位提出申请，厂安全、防火部门登记审批，划定“固定动火区”。固定动火区以外一律为禁火区。

(2) 设立固定动火区的条件和要求

1) 固定动火区应设置在易燃、易爆区域主导风向的上风向。

2) 距易燃、易爆厂房、罐区、设备、阴井、排水沟、水封井等，不应小于 30 m。

3) 室内固定动火区应以实体防火墙与其他部分隔开，门窗向外开，道路要畅通。

4) 生产正常放空或发生事故时，可燃气体不会扩散到固定动火区内。

5) 固定动火区内不准堆放易燃、易爆、可燃物和其他杂物，应配备一定数量的消防器材。

6) 固定动火区要设立明显标志，落实专人管理。

(3) 在禁火区内，除生产工艺用火外，其他可产生火焰、火花和表面炽热的长期作业（如化验室用的电炉、电热器、酒精炉、茶炉等），均须办用火证，用火证的有效期限最多不许超过 1 年。生产区内禁止用电炉和煤气炉取暖、热饭等。

(4) 用火证上应明确负责人、有效期、用火区域及安全防火措施。用火证一律由安全（防火）部门审批，用火时要将用火证悬挂在用火点附近备查。

(5) 在禁火区内使用电、气焊（割），喷灯及在易燃、易爆区域使用电钻产生火花和炽热表面的临时性作业，均为动火作业，必须申请办理动火证。

(6) 动火作业分级管理

1) 特殊动火，指在处于运行状态的易燃、易爆生产装置和罐区等重要部位的具有特殊危险的动火作业。

2) 一级动火，易燃、易爆区域（即甲、乙类火灾危险区域）的动火作业。

3) 二级动火，指一级动火及特殊动火以外的动火作业。

4) 凡全厂、一个车间或单独厂房内全部停车，装置经清洗、置换、分析合格，并采取隔离措施后的动火作业，可根据其火灾危险性大小，全部或局部降为二级动火管理。

5) 遇节假日或生产不正常情况下的动火，应升级管理。

6) 各类动火作业区域应由各厂明文规定，并在厂区平面图上标明。

(7) 特殊动火和一级动火必须经分析合格后方可进行，其动火证的有效期为 1 天（24 h）；二级动火也应该分析，二级动火证的有效期为 6 天（144 h）。

(8) 动火证上应清楚标明动火等级、动火有效期、申请办证单位、动火详细位置、工作内容（含动火手段）、安全防火措施、动火分析的取样时间和取样点、分析结果、每次开始动火时间以及各项责任人和各级审批人的签名及意见。

三、化学危险品储存

1. 化学危险品储存应根据化学品的性质、危害程度和储存量，设置专业仓库、罐区储存场（所）。并根据生产需要和储存物品火灾危险特征，确定储存方式、仓库结构和选址。

2. 化学危险品仓库、罐区储存场（所）应根据危险品性质设计相应的防火、防爆、防腐、泄压、通风、调节温度、防潮、防雨等设施，并应配备通信报警装置和工作人员防护物品。

3. 装运易燃、剧毒液体和可燃气体等化学危险品，应采用专用运输工具。

4. 化学危险品装卸应配备专用工具、专用装卸器具的电气设备，应符合防火、防爆要求。

5. 根据化学物品特性和运输方式正确选择容器和包装材料以及包装衬垫，使之适应储运过程中的腐蚀、碰撞、挤压以及运输环境的变化。

6. 易燃和可燃液体，压缩可燃和助燃气体，有毒、有害液体的灌装，应根据物料性质、危害程度，采用敞开或半敞开式建筑物。灌装设施设计应符合有关防火、防爆、防毒要求。

四、电气安全

1. 电气运行

（1）易燃、易爆场所的电气设备和线路的运行和检修，必须按《爆炸性环境用防爆电气设备通用要求》（GB 3836.1）和《中华人民共和国爆炸危险场所电气安全规程（试行）》执行。

（2）电气设备必须有可靠的接地（接零）装置。防雷和防静电设施必须完好，每年应定期检测。

（3）电气作业人员必须经过专业培训、考核合格且持证上岗，应按规定穿戴好劳动防护用品和使用符合安全要求的电气工具。

（4）变、配电所制定符合现场情况的现场运行规程，值班人员的职责应在现场运行规程中明确规定。

（5）高压设备无论带电与否，值班人员不得单人移开或越过遮栏进行工作。若必须移开遮栏时，必须有监护人在场，并符合设备不停电的安全距离。

（6）雷雨天气需要巡视室外高压设备时，巡视人员应穿绝缘靴，并不得靠近避雷装置。

2. 电气检修

（1）电气检修必须执行电气检修工作票制度。工作票由指定签发人签发，经工作许可人许可，并办理工作许可手续后方可作业。

（2）必须带电检修时，应经主管电气的工程技术负责人员批准，并采取可靠的安全措施，作业人员和监护人员应由有带电作业实践经验的人员担任。

（3）在停电线路和设备上装设接地线前，必须放电、验电，确认无电后，在工作地段两侧挂接地线，凡有可能送电到停电设备和线路工作地段的分支线，也要挂接地线。

（4）停电、放电、验电和检修作业，必须由负责人指派有实践经验的人员担任监护，否则不准进行作业。

（5）在带电设备附近动火，火焰距带电部位 10 kV 及以下的为 1.5 m；10 kV 以上的为 3 m。

（6）更换熔断器，要严格按照规定选用熔丝，不得任意用其他金属丝代替。

五、消防组织与设施

1. 贯彻“预防为主，防消结合”的消防方针，采取先进的防火、防爆和救灾技术，实行目标管理。

2. 企业必须设立有主要领导和各职能部门领导参加的防火安全

委员会；车间相应设立防火安全领导小组及在其领导下的义务消防组织。

3. 消防组织应根据企业的特点、生产检修情况和季节变化，拟订消防工作计划，实行消防目标管理，进行经常性的消防宣传教育、培训，结合事故预想进行演练。

4. 对所有易燃、易爆物品和可能产生火灾、爆炸危险的生产、储运、销售、使用过程及其相关的设备，进行严格管理。

5. 企业应根据生产规模、火灾危险性及邻近相关单位可提供的消防协作条件等因素，按国家、部颁规范、规定的有关要求确定与其生产、储存、运输物品相适应的消防设施、消防器材。

6. 企业内部设置的固定式消防设施要设专人管理，并制定操作规程和管理制度，定期进行试运行。

7. 消防器材要设置在明显、取用方便又较安全的地方，要经常检查，做到“三定”（定点、定型号和用量、定专人维护管理），不准挪作他用。

8. 发生火灾时，现场人员应立即灭火，并向消防队和厂总调度报警及说明着火物质，同时派人到路口接应消防车，指明引车路线和消防水源，义务消防队员要积极配合进行灭火，并维持好现场秩序。

六、其他消防安全规定

1. 目前依旧执行原化工部《关于在化工企业中禁止吸烟的决定》。

2. 禁止机动车辆进入易燃、易爆生产区和易燃、易爆化学品库。凡必须进入上述区域的机动车辆，应配装阻火器或采取其他安全措施。

3. 严禁使用汽油等易燃液体擦洗机动车辆、设备、地坪和衣服等。

4. 应随时将使用过的油棉纱、油纸等易自燃的擦洗材料放入有盖的铁制专用容器内，并存放在安全地点，定期清除。

5. 厂区内不准随意存放非生产用液化石油气瓶，办公室和更衣箱（室）内不准存放酒精等易燃、可燃液体。

6. 严禁在防火间距、消防通道内搭设建筑物、构筑物或堆放各类物资。

7. 高压线下严禁堆放可燃物。易燃、易爆厂房、仓库和装置与高压线的间距要大于高压线塔杆高的1.5倍。

8. 易燃、易爆场所禁止使用撞击易产生火花的工具。

9. 易燃、易爆场所禁止穿着能产生静电火花的化纤织物工作服和带铁钉的鞋。

10. 扑救有毒、有害物质的火灾时，应站在上风向，必要时佩戴防护用具。

第三章 安全生产管理知识

第一节 安全生产管理基本概念

一、安全生产管理的定义

安全生产管理是管理的重要组成部分，是安全科学的一个分支。所谓安全生产管理，是指针对人们在生产过程中的安全问题，运用有效的资源，发挥人们的智慧，通过人们的努力，进行有关决策、计划、组织和控制等一系列活动，实现生产过程中人与机器设备、物料、环境的和谐，达到安全生产的目标。

安全生产管理的目标是：减少和控制危害、事故，尽量避免生产过程中由于事故所造成的人身伤害、财产损失、环境污染以及其他损失，保证在生产、经营活动中的人身安全与健康以及财产安全，促进生产的发展，保持社会的稳定。

安全生产管理包括安全生产法制管理、行政管理、监督检查、工艺技术管理、设备设施管理、作业环境和条件管理等。

安全生产管理的基本对象是企业的员工，涉及企业当中的所有人员、设备设施、物料、环境、财务、信息等各个方面。

安全生产管理有宏观和微观安全生产管理两种理解。宏观安全生产管理是大安全的概念，即能体现安全管理的一切管理措施和活动都属于安全生产管理的范畴。微观安全生产管理是小安全的概念，主要是指从事经济和生产管理的部门以及企业、事业单位所进行的具体安全管理活动。

二、安全生产管理的原则

安全生产管理作为经济生活的一部分，是管理范畴的一个分支，也遵循管理的一般规律和基本原理。

1. 系统原理

（1）系统原理的含义。系统原理是现代管理学的一个最基本原理。它是指人们在从事管理工作时，运用系统理论、观点和方法，对管理活动进行充分的系统分析，以达到管理的优化目标，即用系统论的观点、理论和方法来认识和处理管理中出现的问题。

安全生产管理系统是生产管理的一个子系统，包括各级安全管理人员、安全防护设备与设施、安全管理规章制度、安全生产操作规范和规程以及安全生产管理信息等。安全贯穿于生产活动的方方面面，安全生产管理是全方位、全天候和涉及全体人员的管理。

（2）运用系统原理的原则

1）动态相关性原则。动态相关性原则告诉我们，构成管理系统的各要素是运动和发展的，它们既相互联系，又相互制约。显然，如果管理系统的各要素都处于静止状态，就不会发生事故。

2）整分合原则。高效的现代安全生产管理必须在整体规划下明确分工，在分工的基础上有效综合，这就是整分合原则。运用该原则，要求企业管理者在制定整体目标和进行宏观决策时，必须将安全生产纳入其中，在考虑资金、人员和体系时，都必须将安全生产作为一项重要内容加以考虑。

3）反馈原则。反馈是控制过程中对控制机构的反作用。成功、高效的管理，离不开灵活、准确、快速的反馈。企业生产的内部条件和外部环境在不断变化，所以必须及时捕获、反馈各种安全生产信息，以便及时采取行动。

4）封闭原则。在任何一个管理系统内部，管理手段、管理过程等必须构成一个连续封闭的回路，才能形成有效的管理活动，这就是封闭原则。封闭原则告诉我们，在企业安全生产中，各管理机构之间、各种管理制度和方法之间必须具有紧密的联系，形成相互制约的回路，才能有效。

2. 人本原理

（1）人本原理的含义。在管理中必须把人的因素放在首位，体现以人为本的指导思想，这就是人本原理。

以人为本有两层含义：一是一切管理活动都是围绕以人为本展开的，人既是管理的主体，又是管理的客体，每个人都处在一定的管理层面上，离开人就无所谓管理；二是在管理活动中，作为管理对象的要素和管理系统各环节，都需要人掌管、运作、推动和实施。

（2）运用人本原理的原则

1）动力原则。推动管理活动的基本力量是人，管理必须有能够激发人的工作能力的动力，这就是动力原则。对于管理系统来说，有三种动力，即物质动力、精神动力和信息动力。

2）能级原则。现代管理认为，单位和个人都具有一定的能量，并且可按照能量的大小顺序排列，形成管理的能级，就像原子中电子的能级一样。在管理系统中建立一套合理能级，根据单位和个人能量的大小安排其工作，发挥不同能级的能量，保证结构的稳定性和管理的有效性，这就是能级原则。

3）激励原则。管理中的激励就是利用某种外部诱因的刺激，调动人的积极性和创造性。以科学的手段激发人的内在潜力，使其充分发挥积极性、主动性和创造性，这就是激励原则。人的工作动力来源于内在动力、外部压力和工作吸引力。

3. 预防原理

（1）预防原理的含义。安全生产管理工作应该做到预防为主，通过有效的管理和技术手段，减少和防止人的不安全行为和物的不安全状态，这就是预防原理。

（2）运用预防原理的原则

1）偶然损失原则。事故后果以及后果的严重程度都是随机的、难以预测的。反复发生的同类事故并不一定产生完全相同的后果，这就是事故损失的偶然性。偶然损失原则告诉我们，无论事故损失的大小如何，都必须做好预防工作。

2）因果关系原则。事故的发生是许多因素互为因果关系连续发生的最终结果，只要诱发事故的因素存在，发生事故是必然的，只是时间或迟或早而已，这就是因果关系原则。

3）3E原则。造成人的不安全行为和物的不安全状态的原因可归结为四个方面：技术原因、教育原因、身体和态度原因以及管理原因。针对这四个方面的原因，可以采取三种防止对策，即工程技术（Engineering）对策、教育（Education）对策和法制（Enforcement）对策，即所谓3E原则。

4）本质安全化原则。本质安全化原则是指从一开始和从本质上实现安全化，从根本上消除事故发生的可能性，从而达到预防事故发生的目的。本质安全化原则不仅可以应用于设备、设施，还可以应用于建设项目。

4. 强制原理

（1）强制原理的含义。采取强制管理的手段控制人的意愿和行为，使个人的活动、行为等受到安全生产管理要求的约束，从而实现有效的安全生产管理，这就是强制原理。所谓强制，就是绝对服从，不必经过被管理者同意便可采取控制行动。

（2）运用强制原理的原则

1）安全第一原则。安全第一就是要求在进行生产和其他工作时，把安全工作放在一切工作的首要位置。当生产和其他工作与安全发生矛盾时，要以安全为主，生产和其他工作要服从于安全，这就是安全第一原则。

2）监督原则。监督原则是指在安全工作中，为了使安全生产法律法规得到落实，必须设立安全生产监督管理部门，对企业生产中的守法和执法情况进行监督。

三、安全生产管理的重要作用

安全生产管理在事故控制中起着极其重要的作用，这主要体现在以下三个方面：

第一，据对事故的分析可知，绝大多数事故的发生都是由各种原因引起的，而这些原因中的85％左右都与管理紧密相关。也就是说，如果我们改进安全生产管理，就可以有效地控制绝大多数的事故原因。举一个最简单的例子，某单位一名员工在储藏室内登梯取物时因梯子断裂而受伤。经过分析可以看出，其原因可能是由于没有按要求对梯子进行常规检查（管理缺陷）、员工不知道该检查规则的存在（管理失误）、采购部门购买时未充分考虑梯子的用途和质量（管理失误）、财务部门没有提供足够的资金以购买合适的梯子（管理失误）等。上述任何一个原因都与管理者的疏忽、失误或管理系统的缺陷紧密相关。

第二，当今“安全第一”的口号几乎响遍了世界各个角落，但几乎所有的人，包括安全工作者都承认，对于一个企业来说，安全并不是也不可能是第一位的。经济效益、企业发展、完成生产任务等永远是第一位的。安全之所以被放在特殊的位置，是由于其与效益的关系就像水与舟的关系，亦即“水能载舟，亦能覆舟”。只有实现良好的安全生产管理，才能保证良好的工作效率；只有减少事故的发生，才有可能保证经济效益。

第三，从控制事故的效果讲，安全生产管理也是举足轻重的。一方面，控制事故所采取的手段包括技术手段和管理手段，是由管理部门选择并确定的；另一方面，在有限的资金投入及有限的技术水平的条件下，通过管理手段控制事故无疑是最有效、最经济的一种方式。诚然，控制事故的最佳方式是通过技术手段解决问题，这在很大程度上可以避免人为失误，但经济条件和现有的技术水平使这类方法受到很大程度的制约。当今，大多数企业之间设备安全水平差异有限，而事故率却大小有异，主要的问题就是管理问题。

第二节　安全生产责任制

一、安全生产责任制的定义

安全生产责任制是根据我国的安全生产方针“安全第一，预防为主，综合治理”和安全生产法规建立的各级领导、职能部门、工程技术人员、岗位操作人员在劳动生产过程中对安全生产层层负责的制度。

安全生产责任制是企业岗位责任制的一个组成部分，是企业中最基本的一项安全制度，也是企业安全生产、劳动保护管理制度的核心。实践证明，凡是建立健全了安全生产责任制的企业，各级领导重视安全生产、劳动保护工作，切实贯彻执行党的安全生产、劳动保护方针和政策及国家的安全生产、劳动保护法规，在认真负责地组织生产的同时，积极采取措施，改善劳动条件，工伤事故和职业性疾病就会减少；反之，就会职责不清、相互推诿，而使安全生产、劳动保护工作无人负责、无法进行，工伤事故和职业性疾病就会不断发生。

安全生产责任制是经长期的安全生产、劳动保护管理实践证明的成功制度与措施。这一制度与措施最早见于国务院 1963 年 3 月 30 日颁布的《关于加强企业生产中安全工作的几项规定》（即《五项规定》）。《五项规定》要求，企业的各级领导、职能部门、有关工程技术人员和生产工人，各自在生产过程中应负的安全责任，必须加以明确的规定。《五项规定》还要求，企业单位的各级领导人员在管理生产的同时，必须负责管理安全工作，认真贯彻执行国家有关劳动保护的法令和制度，在计划、布置、检查、总结、评比生产的同时，计划、布置、检查、总结、评比安全工作（即“五同时”制度）；企业单位中的生产、技术、设计、供销、运输、财务等各有关专职机构，都应在各自的业务范围内，对实现安全生产的要求负责；企业单位都应根据实际情况加强劳动保护机构或专职人员的工作；企业单位各生产小组都应设置不脱产的安全生产管理员；企业职工应自觉遵守安全生产规章制度。

二、安全生产责任制的必要性

《中华人民共和国安全生产法》（以下简称《安全生产法》）第四条规定："生产经营单位必须加强安全生产管理，建立、健全安全生产责任制，完善安全生产责任制度，完善安全生产条件，确保安全生产。"这充分说明了安全生产责任制的必要性。

生产经营单位的安全生产责任制的核心是实现安全生产的"五同时"，就是在计划、布置、检查、总结、评比生产工作的同时，计划、布置、检查、总结、评比安全工作。

建立安全生产责任制能够起到以下几个方面的作用：

1. 提高管理水平，促进自主保安。

2. 体现安全生产方针。

3. 组织现代化生产的需要。

4. 建立现代企业管理制度的需要（产权明晰、责任明确、管理规范）。

5. 事故责任追究的要求。

三、建立安全生产责任制的要求

建立完善的生产经营单位的安全生产责任制，需要达到的要求如下：

1. 建立的安全生产责任制必须符合国家安全生产法律法规和政策、方针的要求，并应适时修订。

2. 建立的安全生产责任制体系要与生产经营单位管理体制协调一致。

3. 制定安全生产责任制体系要结合本单位、本部门、本班组、本岗位的实际情况，要求明确、具体，具有可操作性，防止形式主义。

4. 制定、落实安全生产责任制要有专门的人员与机构来保障完成。

5. 在建立安全生产责任制的同时，建立监督、检查等制度，特别是要注意发挥职工群众的监督作用，以保证责任制得到真正落实。

四、安全生产责任制的内容

1. 生产经营单位主要负责人

生产经营单位主要负责人是本单位安全生产第一责任者，对安全生产工作全面负责。其职责为：

（1）建立健全本单位安全生产责任制。

（2）组织制定本单位安全生产规章制度和操作规程。

（3）保证本单位安全生产投入的有效实施。

（4）督促、检查本单位的安全生产工作，及时消除安全生产事故隐患。

（5）组织制定并实施本单位的安全生产事故应急救援预案。

（6）及时、如实报告安全生产事故。

2. 生产经营单位其他负责人

生产经营单位其他负责人在各自职责范围内，协助主要负责人搞好安全生产工作。

3. 生产经营单位职能管理机构负责人及其工作人员

职能管理机构负责人按照本机构的职责，组织有关工作人员落实安全生产责任制，对本机构职责范围内的安全生产工作负责；职能管理机构工作人员在本人职责范围内做好有关安全生产工作。

4. 班组长

贯彻执行本单位对安全生产的规定和要求，督促本班组的工人遵守有关规章制度和安全操作规程，不违章指挥，不违章作业，遵守劳动纪律。

5. 岗位工人

岗位工人对本岗位的安全生产负直接责任。要接受安全生产教育和培训，遵守有关安全生产规章制度和安全操作规程，不违章作业，遵守劳动纪律。特种作业人员必须接受专门的培训，经考试合格取得资格证书，方可上岗作业。

第三节　安全生产教育培训

安全生产事关国家和人民利益，事关社会安定和谐，事关“以人为本”和谐社会的建立。全国上下、政府各级对安全工作十分重视，但是近年来安全重特大事故频发，分析其原因，尽管客观上是由于经济的迅速发展、改革的不断深化、职工队伍的变化、历史遗留问题的凸显，但需要注意的是，与社会公众的安全技能缺乏、安全意识缺失也有很大关系。因此，如何提高职工安全技能和全民安全意识是摆在我们面前迫切需要解决的问题。

安全生产教育培训作为安全生产基础管理的一项重要内容，是提高职工安全技能和全民安全意识的重要途径，是培养政治素质高、业务能力强的安全管理人员的重要手段。

一、安全生产教育培训的基本要求

《安全生产法》对安全生产教育培训做出了明确规定：

第二十条规定：“生产经营单位的主要负责人和安全生产管理人员必须具备与本单位所从事的生产经营活动相应的安全生产知识和管

理能力。

危险物品的生产、经营、储存单位以及矿山、建筑施工单位的主要负责人和安全生产管理人员，应当由有关主管部门对其安全生产知识和管理能力考核合格后方可任职。”

第二十一条规定：“生产经营单位应当对从业人员进行安全生产教育和培训，保证从业人员具备必要的安全生产知识，熟悉有关的安全生产规章制度和安全操作规程，掌握本岗位的安全操作技能。未经安全生产教育和培训合格的从业人员，不得上岗作业。”

第二十二条规定：“生产经营单位采用新工艺、新技术、新材料或者使用新设备，必须了解、掌握其安全技术特性，采取有效的安全防护措施，并对从业人员进行专门的安全教育和培训。”

第二十三条规定：“生产经营单位的特种作业人员必须按照国家有关规定经专门的安全作业培训，取得特种作业操作资格证书，方可上岗作业。

特种作业人员的范围由国务院负责安全生产监督管理的部门会同国务院有关部门确定。”

第三十六条规定：“生产经营单位应当教育和督促从业人员严格执行本单位的安全生产规章制度和安全操作规程；并向从业人员如实告知作业场所和工作岗位存在的危险因素、防范措施以及事故应急措施。”

第五十条规定：“从业人员应当接受安全生产教育和培训，掌握本职工作所需的安全生产知识，提高安全生产技能，增强事故预防和应急处理能力。”

为贯彻落实《安全生产法》，原国家安全生产监督管理局下发了

《关于生产经营单位主要负责人、安全生产管理人员及其他从业人员安全生产培训考核工作的意见》《关于特种作业人员安全技术培训考核工作的意见》等文件。2004 年，又出台了《安全生产培训管理办法》（国家安全生产监督管理局第 20 号令）。2006 年，以国家安全生产监督管理总局第 3 号令的形式发布了《生产经营单位安全培训规定》。以上法规对各类人员的安全培训内容、培训时间、考核以及对安全培训机构的资质管理做出了具体规定。

二、安全生产教育培训的对象和内容

1. 对生产经营单位主要负责人的教育培训

（1）基本要求

1）危险物品的生产、经营、储存单位以及矿山、建筑施工单位主要负责人必须进行安全资格培训，经安全生产监督管理部门或法律法规规定的有关主管部门考核合格并取得安全资格证书后方可任职。

2）其他单位主要负责人必须按照国家有关规定进行安全生产培训。

3）所有单位主要负责人每年应进行安全生产再培训。

（2）培训的主要内容

1）国家有关安全生产的方针、政策、法律和法规及有关行业的规章、规程、规范和标准。

2）安全生产管理的基本知识、方法与安全生产技术，有关行业安全生产管理专业知识。

3）重大危险源管理、重大事故防范、应急管理和救援组织以及事故调查处理的有关规定。

4）职业危害及其预防措施。

5）国内外先进的安全生产管理经验。

6）典型事故和应急救援案例分析。

7）其他需要培训的内容。

（3）培训时间。危险物品的生产、经营、储存单位以及矿山、建筑施工单位主要负责人安全资格培训时间不得少于 48 学时；每年再培训时间不得少于 16 学时。

其他单位主要负责人安全生产管理培训时间不得少于 32 学时；每年再培训时间不得少于 12 学时。

（4）再培训的主要内容。再培训的主要内容是新知识、新技术和新本领，包括：

1）有关安全生产的法律、法规、规章、规程、标准和政策。

2）安全生产的新技术、新知识。

3）安全生产管理经验。

4）典型事故案例。

2. 对安全生产管理人员的教育培训

（1）基本要求

1）危险物品的生产、经营、储存单位以及矿山、建筑施工单位安全生产管理人员必须进行安全资格培训，经安全生产监督管理部门或法律法规规定的有关主管部门考核合格并取得安全资格证书后方可任职。

2）其他单位安全生产管理人员必须按照国家有关规定进行安全生产培训。

3）所有单位安全生产管理人员每年应进行安全生产再培训。

（2）培训的主要内容

1）国家有关安全生产的方针、政策及有关安全生产的法律、法规、规章和标准。

2）安全生产管理、安全生产技术、职业卫生等知识。

3）伤亡事故统计、报告及职业危害的调查处理方法。

4）应急管理、应急预案编制以及应急处置的内容和要求。

5）国内外先进的安全生产管理经验。

6）典型事故和应急救援案例分析。

7）其他需要培训的内容。

（3）培训时间。危险物品的生产、经营、储存单位以及矿山、建筑施工单位安全生产管理人员安全资格培训时间不得少于 48 学时；每年再培训时间不得少于 16 学时。

其他单位安全生产管理人员安全生产管理培训时间不得少于 32 学时；每年再培训时间不得少于 12 学时。

（4）再培训的主要内容。再培训的主要内容是新知识、新技术和新本领，包括：

1）有关安全生产的法律、法规、规章、规程、标准和政策。

2）安全生产的新技术、新知识。

3）安全生产管理经验。

4）典型事故案例。

危险化学品生产经营单位主要负责人和安全生产管理人员安全资格培训，必须由安全生产监管监察部门认定的具备相应资质的安全培训机构实施。经安全资格培训考核合格，由安全生产监管监察部门发给安全资格证书。

其他生产经营单位主要负责人和安全生产管理人员经安全生产监

管监察部门认定的具备相应资质的培训机构培训合格后，由培训机构发给相应的培训合格证书。

3. 对特种作业人员的教育培训

特种作业是指容易发生事故，对操作者本人、他人的安全健康及设备、设施的安全可能造成重大危害的作业。直接从事特种作业的从业人员称为特种作业人员。

特种作业的范围由特种作业目录规定。特种作业的范围包括：电工作业、焊接与热切割作业、高处作业、制冷与空调作业、煤矿安全作业、金属非金属矿山安全作业、石油天然气安全作业、冶金（有色）生产安全作业、危险化学品安全作业、烟花爆竹安全作业、国家安全生产监督管理总局认定的其他作业。其中，石油化工企业中的特种作业主要包括：电工作业、焊接与热切割作业、高处作业、危险化学品安全作业、制冷与空调作业。

特种作业人员上岗前，必须经专门的安全技术培训并考核合格，取得《中华人民共和国特种作业操作证》后，方可上岗作业。特种作业人员的安全技术培训、考核、发证、复审工作实行统一监管、分级实施、教考分离的原则。2010 年 4 月 26 日，国家安全生产监督管理总局局长办公会议审议通过《特种作业人员安全技术培训考核管理规定》，自 2010 年 7 月 1 日起施行。该大纲与标准内容涉及电工作业人员、焊接与热切割作业人员、高处作业人员、制冷与空调作业人员、煤矿安全作业人员、金属非金属矿山安全作业人员、石油天然气安全作业人员、冶金（有色）生产安全作业人员、危险化学品安全作业人员、烟花爆竹安全作业人员等工种，作为特种作业人员安全技术培训、考核工作的指导性文件。

特种作业人员安全技术考核包括安全技术理论考试与实际操作技能考核两部分，以实际操作技能考核为主。《特种作业人员操作证》由国家统一印制，地、市级以上行政主管部门负责签发，全国通用。离开特种作业岗位达6个月以上的特种作业人员，应当重新进行实际操作考核，经确认合格后方可上岗作业。取得《特种作业人员操作证》者，每3年复审1次。连续从事本工种10年以上的，经原考核发证机关或者从业所在地考核发证机关同意，特种作业操作证的复审时间可以延长至每6年1次。复审的内容包括：社区或者县级以上医疗机构出具的健康证明，从事特种作业的情况，安全培训考试。未按期复审或复审不合格者，其操作证自行失效。

4. 对生产经营单位其他从业人员等的教育培训

(1) 生产经营单位其他从业人员。生产经营单位其他从业人员是指除主要负责人和安全生产管理人员以外，该单位从事生产经营活动的所有人员，包括其他负责人、管理人员、技术人员和各岗位的工人，以及临时聘用的人员。

(2) 新从业人员。对新从业人员应进行厂、车间（工段、区、队）、班组三级安全生产教育培训。

1）厂级安全生产教育培训的内容主要是：安全生产基本知识，本单位安全生产规章制度，劳动纪律，作业场所和工作岗位存在的危险因素、防范措施及事故应急措施，有关事故案例等。

2）车间（工段、区、队）级安全生产教育培训的内容主要是：本车间（工段、区、队）安全生产状况和规章制度，作业场所和工作岗位存在的危险因素、防范措施及事故应急措施，有关事故案例等。

3）班组级安全生产教育培训的内容主要是：岗位安全操作规程，

生产设备、安全装置、劳动防护用品（用具）的正确使用方法，有关事故案例等。

新从业人员安全生产教育培训时间不得少于24学时；高危险性的行业和岗位，新从业人员教育培训时间不得少于72学时，每年再培训时间不得少于20学时。

(3) 调整工作岗位或离岗一年以上重新上岗的从业人员。从业人员调整工作岗位或离岗一年以上重新上岗时，应进行相应的车间（工段、区、队）级安全生产教育培训。

企业实施新工艺、新技术或使用新设备、新材料时，应对从业人员进行有针对性的安全生产教育培训。

单位要确立终身教育的观念和全员培训的目标，对在岗的从业人员应进行经常性的安全生产教育培训。其内容主要是：安全生产新知识、新技术，安全生产法律法规，作业场所和工作岗位存在的危险因素、防范措施及事故应急措施，有关事故案例等。

三、安全生产教育培训的组织与实施

1. 安全生产教育培训组织与实施的要求

《生产经营单位安全培训规定》对安全培训的组织实施进行了如下规定：

第二十一条　国家安全生产监督管理总局组织、指导和监督中央管理的生产经营单位的总公司（集团公司、总厂）的主要负责人和安全生产管理人员的安全培训工作。

省级安全生产监督管理部门组织、指导和监督省属生产经营单位及所辖区域内中央管理的工矿商贸生产经营单位的分公司、子公司主要负责人和安全生产管理人员的培训工作；组织、指导和监督特种作业人员的培训工作。

市级、县级安全生产监督管理部门组织、指导和监督本行政区域内除中央企业、省属生产经营单位以外的其他生产经营单位的主要负责人和安全生产管理人员的安全培训工作。

生产经营单位除主要负责人、安全生产管理人员、特种作业人员以外的从业人员的安全培训工作，由生产经营单位组织实施。

第二十二条　具备安全培训条件的生产经营单位，应当以自主培训为主；可以委托具有相应资质的安全培训机构，对从业人员进行安全培训。

不具备安全培训条件的生产经营单位，应当委托具有相应资质的安全培训机构，对从业人员进行安全培训。

第二十三条　生产经营单位应当将安全培训工作纳入本单位年度工作计划。保证本单位安全培训工作所需资金。

第二十四条　生产经营单位应建立健全从业人员安全培训档案，详细、准确记录培训考核情况。

第二十五条　生产经营单位安排从业人员进行安全培训期间，应当支付工资和必要的费用。

2. 组织实施的形式与方法

安全教育培训方法与一般教学方法一样，多种多样，各有特点。在实际应用中，要根据培训内容和培训对象灵活选择。安全教育可采用讲授法、实际操作演练法、案例研讨法、读书指导法、宣传娱乐法等。

经常性安全教育培训的形式有：每天的班前班后会上说明安全注意事项，安全活动日，安全生产会议，各类安全生产业务培训班，事故现场会，张贴安全生产招贴画、宣传标语及标志，安全文化知识竞赛等。

第四节　安全生产检查

安全生产检查是安全生产管理工作中的一项重要内容，是保持安全环境、矫正不安全操作、防止事故的一种重要手段。它是多年来从生产实践中创造出来的一种好形式，是安全生产工作中运用群众路线的方法，是发现不安全状态和不安全行为的有效途径，是消除事故隐患、落实整改措施、防止伤亡事故、改善劳动条件的重要手段。

一、安全生产检查的分类

1. 定期安全生产检查

定期安全生产检查一般是通过有计划、有组织、有目的的形式来实现的。检查周期根据各单位的实际情况确定，如次/年、次/季、次/月、次/周等。定期检查面广，有深度，能及时发现并解决问题。

2. 经常性安全生产检查

经常性安全生产检查则是采取个别的、日常的巡视方式来实现的。在施工（生产）过程中进行经常性的预防检查，能及时发现和消除事故隐患，保证施工（生产）正常进行。

3. 季节性及节假日前后安全生产检查

由各级生产单位根据季节变化，按事故发生的规律对易发的潜在危险，突出重点地进行季节检查，如冬季防冻保温、防火、防煤气中毒；夏季防暑降温、防汛、防雷电等检查。由于节假日（特别是重大节日，如元旦、春节、劳动节、国庆节）前后容易发生事故，因此应进行有针对性的安全检查。

4. 专业（项）安全生产检查

专业（项）安全生产检查是对某个专项问题或在施工（生产）中存在的普遍性安全问题进行的单项定性检查。

5. 综合性安全生产检查

综合性安全生产检查一般是由主管部门对下属各企业或生产单位进行的全面综合性检查，必要时可组织进行系统的安全性评价。

6. 不定期的职工代表巡视安全生产检查

由企业或车间工会负责人组织有关有专业技术特长的职工代表进行巡视安全生产检查。重点查国家安全生产方针、法规的贯彻执行情况；查单位领导干部安全生产责任制的执行情况，工人安全生产权利的执行情况；查事故原因、隐患整改情况，对责任者提出处理意见。此类检查可进一步强化各级领导安全生产责任制的落实，促进职工劳动保护合法权利的维护。

二、安全生产检查的内容

安全检查对象的确定应本着突出重点的原则，对于危险性大、易发事故、事故危害大的生产系统、部位、装置、设备等应加强检查。一般应重点检查：易造成重大损失的易燃易爆危险物品、剧毒品、锅炉、压力容器、起重设备、运输设备、冶炼设备、电气设备、冲压机械、高处作业和本企业易发生工伤、火灾、爆炸等事故的设备、工种、场所及其作业人员；造成职业中毒或职业病的尘毒点及其作业人员；直接管理重要危险点和有害点的部门及其负责人。

安全检查的内容包括软件系统和硬件系统，具体主要是查思想、查管理、查隐患、查整改、查事故处理。

1. 查思想

即检查各级生产管理人员对安全生产的认识，对安全生产的方针政策、法规和各项规定的理解与贯彻情况，全体职工是否牢固树立了“安全第一，预防为主”的思想。各有关部门及人员能否做到当生产、利益与安全发生矛盾时，把安全放在第一位。

2. 查管理

安全检查也是对企业安全管理的大检查。主要检查安全管理的各项具体工作的实施情况，如安全生产责任制和其他安全管理规章制度是否健全，能否严格执行。安全教育、安全技术措施、伤亡事故管理等的实施情况及安全组织管理体系是否完善等。

3. 查隐患

安全检查的主要工作内容，以查现场、查隐患为主。即深入生产作业现场，查劳动条件、生产设备、安全卫生设施是否符合要求，职工在生产中存在的不安全行为的情况等。如有无安全出口且是否通畅；机器防护装置情况；电气安全设施，如安全接地、避雷设备、防爆性能；车间或坑内通风照明情况；防止硅尘危害的综合措施情况；锅炉、受压容器和气瓶的安全运转情况；易燃易爆物质、剧毒物质的储存、运输和使用情况；个体防护用品的使用及标准是否符合有关安全卫生的规定等。

4. 查整改

对被检单位上一次查出的问题，按其当时登记的项目、整改措施和期限进行复查。检查是否进行了及时整改和整改的效果。如果没有整改或整改不力的，要重新提出要求，限期整改。对重大事故隐患，应根据不同情况进行查封或拆除。

5. 查事故处理

此外，还应检查企业对工伤事故是否及时报告、认真调查、严肃处理；在检查中，如发现未按“四不放过”的要求草率处理的事故，要重新严肃处理，从中找出原因，采取有效措施，防止类似事故重复发生。

三、安全生产检查的方法

1. 常规检查

常规检查是常见的一种检查方法。通常是由安全管理人员作为检查工作的主体，在作业现场，通过感观或辅助一定的简单工具、仪表等，对作业人员的行为、作业场所的环境条件、生产设备设施等进行的定性检查。安全检查人员通过这一手段，及时发现现场存在的安全隐患并采取措施予以消除，纠正施工人员的不安全行为。

常规检查完全依靠安全检查人员的经验和能力，检查的结果直接受安全检查人员个人素质的影响。因此，对安全检查人员个人素质的要求较高。

2. 安全检查表法

为使检查工作更加规范，将个人的行为对检查结果的影响降低到最小，常采用安全检查表法。

安全检查表（SCL）是事先对系统加以剖析，列出各层次的不安全因素，确定检查项目，并把检查项目按系统的组成顺序编制成表，以便进行检查或评审，这种表就叫做安全检查表。安全检查表是进行安全检查，发现和查明各种危险和隐患，监督各项安全生产规章制度的实施，及时发现事故隐患并制止违章行为的一个有力工具。

安全检查表应列举需查明的所有可能会导致事故的不安全因素。每个检查表均需注明检查时间、检查者、直接负责人等，以便分清责任。安全检查表的设计应做到系统、全面，检查项目应明确。编制安全检查表的主要依据是：

（1）有关标准、规程、规范及规定。

（2）国内外事故案例及本单位在安全管理及生产中的有关经验。

（3）通过系统分析确定的危险部位及防范措施都是安全检查表的内容。

（4）新知识、新成果、新方法、新技术、新法规和新标准。

3. 仪器检查法

机器、设备内部的缺陷及作业环境条件的真实信息或定量数据，只有通过仪器检查法来进行定量化的检验与测量，才能发现安全隐患，从而为后续整改提供信息。因此，必要时需要实施仪器检查。由于被检查的对象不同，检查所用的仪器和手段也不同。

四、安全生产检查的工作程序

安全检查工作一般包括以下几个步骤：

1. 安全检查准备

（1）确定检查对象、目的、任务。

（2）查阅、掌握有关法规、标准、规程的要求。

（3）了解检查对象的工艺流程、生产情况，以及可能出现危险、危害的情况。

（4）制订检查计划，安排检查内容、方法、步骤。

（5）编写安全检查表或检查提纲。

（6）准备必要的检测工具、仪器、书写表格或记录本。

（7）挑选和训练检查人员并进行必要的分工等。

2. 实施安全检查

实施安全检查就是通过访谈、查阅文件和记录、现场检查、仪器测量等方式获取信息。

（1）访谈。通过与有关人员谈话来了解相关部门、岗位执行规章制度的情况。

（2）查阅文件和记录。检查设计文件、作业规程、安全措施、责任制度、操作规程等是否齐全，是否有效；查阅相应记录，判断上述文件是否被执行。

（3）现场检查。到作业现场寻找不安全因素、事故隐患、事故征兆等。

（4）仪器测量。利用一定的检测检验仪器设备，对在用设施、设备、器材状况及作业环境条件等进行测量，以发现隐患。

3. 通过分析做出判断

掌握情况（获得信息）之后，就要进行分析、判断和检验。可凭经验、技能进行分析和判断，必要时可通过仪器检验得出正确结论。

4. 及时做出决定进行处理

做出判断后，应针对存在的问题做出采取措施的决定，即下达隐患整改意见和要求，包括要求进行信息反馈。

5. 整改落实

通过复查整改落实情况，获得整改效果的信息，以实现安全检查工作的闭环。

第五节　劳动防护用品管理

一、劳动防护用品的分类

劳动防护用品种类很多，从劳动卫生学的角度，通常按防护部位进行分类。

1. 头部防护用品

为防御头部不受外来物体打击和其他因素危害而配备的个人防护装备，如一般防护帽、防尘帽、防水帽、安全帽、防寒帽、防静电帽、防高温帽、防电磁辐射帽、防昆虫帽等。

2. 呼吸器官防护用品

为防御有害气体、蒸气、粉尘、烟雾由呼吸道吸入，或直接向使用者供氧或清净空气，保证尘、毒污染或缺氧环境中作业人员正常呼吸的防护用具，如防尘口罩（面具）、防毒口罩（面具）等。

3. 眼面部防护用品

预防烟雾、尘粒、金属火花和飞屑、热、电磁辐射、激光、化学飞溅等伤害眼睛或面部的个人防护用品，如焊接护目镜和面罩、炉窑护目镜和面罩以及防冲击眼护具等。

4. 听觉器官防护用品

能够防止过量的声能侵入外耳道，使人耳避免噪声的过度刺激，减少听力损失，预防由噪声引起的对人身造成不良影响的个体防护用品，如耳塞、耳罩、防噪声头盔等。

5. 手部防护用品

保护手和手臂，供作业者劳动时戴用的手套（劳动防护手套），如一般防护手套、防水手套、防寒手套、防毒手套、防静电手套、防高温手套、防X射线手套、防酸碱手套、防油手套、防振手套、防切割手套、绝缘手套等。

6. 足部防护用品

防止生产过程中有害物质和能量损伤劳动者足部的护具，通常被人们称为劳动防护鞋，如防尘鞋、防水鞋、防寒鞋、防静电鞋、防高温鞋、防酸碱鞋、防油鞋、防烫脚鞋、防滑鞋、防刺穿鞋、电绝缘鞋、防振鞋等。

7. 躯干防护用品

即通常所讲的防护服，如一般防护服、防水服、防寒服、防砸背心、防毒服、阻燃服、防静电服、防高温服、防电磁辐射服、耐酸碱服、防油服、水上救生衣、防昆虫服、防风沙服等。

8. 护肤用品

指用于防止皮肤（主要是面、手等外露部分）受化学、物理等因素危害的用品，如防毒、防腐、防射线、防油漆的护肤品等。

9. 防坠落用品

防止人体从高处坠落，通过绳带将高处作业者的身体系接于固定物体上，或在作业场所的边沿下方张网，以防不慎坠落，如安全带、安全网等。

劳动防护用品也可按照用途分类。

以防止伤亡事故为目的，可分为防坠落用品、防冲击用品、防触电用品、防机械外伤用品、防酸碱用品、耐油用品、防水用品、防寒用品；以预防职业病为目的，可分为防尘用品、防毒用品、防放射性用品、防热辐射用品、防噪声用品等。

二、劳动防护用品的选用原则和发放要求

1. 劳动防护用品的选用原则

1989 年，我国颁布了《劳动防护用品选用规则》（GB 11651—1989）国家标准，为选用劳动防护用品提供了依据。

正确选用优质的防护用品是保证劳动者安全与健康的前提，选用的基本原则是：

（1）根据国家标准、行业标准或地方标准选用。

（2）根据生产作业环境、劳动强度以及生产岗位接触有害因素的存在形式、性质、浓度（或强度）和防护用品的防护性能进行选用。

（3）穿戴要舒适方便，不影响工作。

2. 劳动防护用品的发放要求

2000 年，国家经济贸易委员会颁布了《劳动防护用品配备标准（试行）》（国经贸安全［2000］189 号），规定了国家工种分类目录中的 116 个典型工种的劳动防护用品配备标准。用人单位应当按照有关标准，根据不同工种和劳动条件发给职工个人劳动防护用品。

用人单位的具体责任为：

（1）用人单位应根据工作场所中的职业危害因素及其危害程度，按照法律、法规、标准的规定，为从业人员免费提供符合国家规定的劳动防护用品。不得以货币或其他物品替代应当配备的劳动防护用品。

（2）用人单位应到定点经营单位或生产企业购买特种劳动防护用品。劳动防护用品必须具有“三证”，即生产许可证、产品合格证和安全鉴定证。购买的劳动防护用品须经本单位安全管理部门验收，并应按照劳动防护用品的使用要求，在使用前对其防护功能进行必要的检查。

（3）用人单位应教育从业人员，按照劳动防护用品的使用规则和防护要求正确使用劳动防护用品，使职工做到“三会”：会检查劳动防护用品的可靠性，会正确使用劳动防护用品，会正确维护保养劳动防护用品。用人单位应定期进行监督检查。

（4）用人单位应按照产品说明书的要求，及时更换、报废过期和失效的劳动防护用品。

（5）用人单位应建立健全劳动防护用品的购买、验收、保管、发放、使用、更换、报废等管理制度和使用档案，并进行必要的监督检查。

3. 掌握劳动防护用品的使用方法

使用劳动防护用品的一般要求是：

（1）劳动防护用品使用前应首先做一次外观检查。检查的目的是认定用品对有害因素防护效能的程度，用品外观有无缺陷或损坏，各部件组装是否严密，启动是否灵活等。

（2）劳动防护用品的使用必须在其性能范围内，不得超极限使用；不得使用未经国家指定、未经监测部门认可（国家标准）和检测还达不到标准的产品；不能随便代替，更不能以次充好。

（3）严格按照使用说明书正确使用劳动防护用品。

4. 熟悉特种劳动防护用品安全标志管理的法律依据

《安全生产法》第三十七条规定："生产经营单位必须为从业人员提供符合国家标准或行业标准的劳动防护用品，并监督、教育从业人员按照使用规则佩戴、使用。"《职业病防治法》规定："用人单位必须为劳动者提供个人使用的职业病防护用品。"

第六节　事故处理与工伤保险

一、事故的概念及特性

1. 事故的概念

在介绍事故处理前，有必要对事故这一概念及事故的一些基本特性做一简要介绍。

从广义的角度讲，事故是指人们在实现有目的的行动过程中，由不安全的行为、动作或不安全的状态所引起的、突然发生的、与人的意志相反且事先未能预料到的意外事件。它能造成财产损失，生产中断，人员伤亡。

从劳动保护的角度讲，事故主要是指伤亡事故，又称伤害。根据能量转移理论，伤亡事故是指人们在行动过程中，接触了与周围条件有关的外来能量，这种能量在一定条件下异常释放，反作用于人体，致使人身生理机能部分或全部丧失的现象。

在伤亡事故中，我国重点抓了企业职工的伤亡事故，先后制定了国家标准《企业职工伤亡事故分类》（GB 6441—86）和《企业职工伤亡事故调查分析规则》（GB 6442—86）。在这两个标准中，从企业职工的角度将伤亡事故定义为：伤亡事故是指企业职工在生产劳动过程中发生的人身伤害、急性中毒事故。

2. 事故的特性

事故既然是一种意外事件，那么同其他事物一样，它也具有一些特性，掌握这些特性，对我们认识事故、了解事故及预防事故具有指导性作用。

概括起来，事故主要有以下四种特性：

（1）因果性。事故的因果性是指事故是由相互联系的多种因素共同作用的结果。引起事故的原因是多方面的。在伤亡事故调查分析过程中，应弄清事故发生的因果，找出事故发生的原因，这对防止类似事故重复发生将起到积极作用。

（2）随机性。事故的随机性是指事故发生的时间、地点及事故后果的严重程度是偶然的。这就给事故的预防带来一定的困难。但是，事故这种随机性在一定范围内也遵循统计规律。从事故的统计资料中，我们可以找到事故发生的规律性。

因此，伤亡事故统计分析对制定正确的预防措施有重大意义。

（3）潜伏性。从表面上看，事故是一种突发事件，但是事故发生之前有一段潜伏期。事故发生之前，系统（人—机—环境）所处的这种状态是不稳定的，也就是说系统存在着事故隐患，具有危险性。如果这时有一触发因素出现，就会导致事故的发生。人们应认识事故的潜伏性，克服麻痹思想。

在生产活动中，某些企业较长时间内未发生伤亡事故就会麻痹大意，就会忽视事故的潜伏性。这是造成重大伤亡事故的思想隐患。

（4）可预防性。现代事故预防所遵循的原则就是事故是可以预防的。也就是说，任何事故只要采取正确的预防措施，是可以防止的。认识到这一特性，对坚定信心、防止伤亡事故发生有促进作用。因此，我们必须通过事故调查找到已发生事故的原因，采取预防事故的措施，从根本上降低我国的伤亡事故发生频率。

二、事故分类

事故分类在此主要是指伤亡事故特别是企业职工伤亡事故的分类。伤亡事故分类总的原则是：适合国情，统一口径，提高可比性，有利于科学分析和积累资料，有利于安全生产的科学管理。

伤亡事故的分类，分别从不同方面描述了事故的不同特点。根据我国有关劳动保护法规和标准，目前应用比较广泛的事故分类主要有以下几种：

1. 按伤害程度分类

指事故发生后，按事故对受伤害者造成损伤以致劳动能力丧失的程度分类。

(1) 轻伤，指损失工作日为 1 个工作日以上（含 1 个工作日）105 个工作日以下的失能伤害。

(2) 重伤，指损失工作日为 105 个工作日以上（含 105 个工作日）的失能伤害，重伤的损失工作日最多不超过 6 000 日。

(3) 死亡，其损失工作日定为 6 000 日，这是根据我国职工的平均退休年龄和平均死亡年龄计算出来的。

此种分类是按伤亡事故造成损失工作日的多少来衡量的，而损失工作日是指受伤害者丧失劳动能力（简称失能）的工作日。各种伤害情况的损失工作日数，可按标准（GB 6441—86）中的有关规定计算或选取。

2. 按事故严重程度分类

指事故发生后，按照职工所受伤害程度和伤亡人数分类。

(1) 轻伤事故，指只有轻伤的事故。

(2) 重伤事故，指有重伤没有死亡的事故。

(3) 死亡事故，指一次死亡 1～2 人的事故。

(4) 重大伤亡事故，指一次死亡 3～9 人的事故。

(5) 特大伤亡事故，指一次死亡 10 人以上（含 10 人）的事故。

3. 按事故类别分类

国家标准《企业职工伤亡事故分类》（GB 6441—86）中，将事故类别划分为 20 类。这一分类方法同 20 世纪 50 年代制定的分类标准相比有所改进。具体分类如下：

(1) 物体打击。指由失控物体的惯性力造成的人身伤亡事故。本类事故适用于落下物、飞来物、滚石、崩块等造成的伤害。不包括因机械设备、车辆、起重机械、坍塌、爆炸等引起的物体打击。

(2) 车辆伤害。指企业内由机动车辆引起的机械伤害事故。

机动车辆包括：

汽车类：载重汽车、卸货汽车、大客车、小汽车、客货两用汽车、内燃叉车等。

电瓶车类：平板电瓶车、电瓶叉车等。

拖拉机类：方向盘式拖拉机、手扶拖拉机、操纵杆式拖拉机等。

有轨车类：有轨电动车、电瓶机车等。

施工设施：挖掘机、推土机、电铲等。

凡在上述机动车辆的行驶中，发生挤压、坠落、撞车或倾覆等事故；发生行驶中上、下车事故；发生车辆运输摘挂钩事故、跑车事故等，均属本类别事故。

不包括起重设备提升、牵引车辆和车辆停驶时发生的事故。

(3) 机械伤害。指机械设备与工具引起的绞、碾、碰、割、戳、切等伤害。适用于工件或刀具飞出伤人、切屑伤人、被设备的转动机构缠住等造成的伤害。已列入其他项事故类别的机械设备造成的机械伤害除外，如车辆、起重设备、锅炉和压力容器等设备。

(4) 起重伤害。指从事起重作业时引起的机械伤害事故。适用于统计各种起重作业引起的伤害。起重作业包括桥式起重机、龙门起重机、门座起重机、塔式起重机、悬臂起重机、桅杆起重机、铁路起重机、汽车吊、电动葫芦、千斤顶等作业。如起重作业时，脱钩砸人、钢丝绳断裂抽人、移动吊物撞人、钢丝绳刮人、滑车碰人等伤害，包括起重设备在使用和安装过程中的倾翻事故及提升设备过卷、蹲罐等事故。不适用于下列伤害的统计：触电；检修时，制动失灵引起的伤害；上下驾驶室失误引发的坠落或跌倒。

(5) 触电。指电流流经人体，造成生理伤害的事故。用于统计触电、雷击伤害。如人体接触设备带电导体裸露部分或临时线；接触绝缘破损外壳带电的手持电动工具；起重作业时，设备误触高压线或感应带电体；触电坠落；电烧伤等事故。

(6) 淹溺。指大量的水经口、鼻进入人体肺部，造成呼吸道阻塞或发生急性缺氧而窒息死亡的事故。用于统计船舶、排筏、设施在航行、停泊作业时发生的落水事故。“设施”是指水上、水下各种浮动或者固定的建筑、装置、电缆和固定平台。“作业”是指在水域及其岸线进行装卸、勘探、开采、测量、建筑、疏浚、爆破、打捞、捕捞、养殖、潜水、流放木材、排除故障以及科学实验和其他水上、水下施工。包括高处坠落淹溺，不包括矿山、井下透水淹溺。

(7) 灼烫。指强酸、强碱溅到身体上引起的灼伤，或因火焰引起的烧伤，高温物体引起的烫伤，放射线引起的皮肤损伤等事故。适用于烧伤、烫伤、化学灼伤、放射性皮肤损伤等伤害。不包括电烧伤以及火灾事故引起的烧伤。

(8) 火灾。指在时间和空间上失去控制的燃烧所造成的灾害。这里指的是造成人身伤亡的企业火灾事故。

根据国家标准和国际标准，按物质燃烧特征把火灾分为 A、B、C、D、E、F 六类。

A 类火灾：固体物质火灾。这种物质通常具有有机物性质，一般在燃烧时能产生灼热的余烬。

B类火灾：液体或可熔化的固体物质火灾。

C类火灾：气体火灾。

D类火灾：金属火灾。

E类火灾：带电火灾。物体带电燃烧的火灾。

F类火灾：烹饪器具内的烹饪物（如动植物油脂）火灾。

（9）高处坠落。指出于危险重力势能差引起的伤害事故。适用于脚手架、平台、陡壁施工等高于地面的坠落，也适用于踏空失足坠入洞、坑、沟、升降口、漏斗等情况。但排除以其他类别为诱发条件的坠落。如高处作业时，因触电失足坠落应定为触电事故，不能按高处坠落划分。

（10）坍塌。指建筑物、构筑物、堆置物等倒塌以及土石塌方引起的事故。适用于因设计或施工不合理而造成的倒塌，以及土方、岩石发生的塌陷事故。如建筑物倒塌，脚手架倒塌，挖掘沟、坑、洞时土石的塌方等情况。不适用于矿山冒顶片帮事故，或因爆炸、爆破引起的坍塌事故。

（11）冒顶片帮。指矿井工作面、巷道侧壁由于支护不当、压力过大造成的坍塌，称为片帮；顶板垮落为冒顶。两者常同时发生，简称冒顶片帮。适用于矿山、地下开采、掘进及其他坑道作业发生的坍塌事故。

（12）透水。指矿山、地下开采或其他坑道作业时，意外水源带来的伤亡事故。适用于井巷与含水岩层、地下含水带、溶洞或与被淹巷道、地面水域相通时，涌水成灾的事故。不适用于地面水害事故。

（13）放炮。指施工时，放炮作业造成的伤亡事故。适用于各种爆破作业。如采石、采矿、采煤、开山、修路、拆除建筑物等工程进行的放炮作业引起的伤亡事故。

（14）火药爆炸。指火药与炸药在生产、运输、储藏的过程中发生的爆炸事故。适用于火药与炸药生产在配料、运输、储藏、加工过程中，由于振动、明火、摩擦、静电作用，或因炸药的热分解作用，储藏时间过长或因存药过多发生的化学性爆炸事故，以及熔炼金属时，废料处理不净，残存火药或炸药引起的爆炸事故。

（15）瓦斯爆炸。指可燃性气体瓦斯、煤尘与空气混合形成了达到燃烧极限的混合物，接触火源时引起的化学性爆炸事故。主要适用于煤矿，同时也适用于空气不流通，瓦斯、煤尘积聚的场合。

（16）锅炉爆炸。指锅炉发生的物理性爆炸事故。适用于使用工作压力大于 0.7 atm（0.07 MPa）、以水为介质的蒸汽锅炉（以下简称锅炉），但不适用于铁路机车、船舶上的锅炉以及列车电站和船舶电站的锅炉。

（17）容器爆炸。容器（压力容器的简称）是指比较容易发生事故，且事故危害性较大的承受压力载荷的密闭装置。容器爆炸是压力容器破裂引起的气体爆炸，即物理性爆炸，包括容器内盛装的可燃性液化气在容器破裂后立即蒸发，与周围的空气混合形成爆炸性气体混合物，遇到火源时产生的化学爆炸，也称容器的二次爆炸。

（18）其他爆炸。凡不属于上述爆炸的事故均列为其他爆炸事故。

4. 按受伤性质分类

受伤性质是指人体受伤的类型。实质上这是从医学的角度给予创伤的具体名称，常见的有以下一些名称：

（1）电伤，指由于电流流经人体，电能的作用所造成的人体生理伤害。包括引起皮肤组织的烧伤。

(2) 挫伤，指由于挤压、摔倒及硬性物体打击，致使皮肤、肌肉肌腱等软组织损伤。常见的有颈部挫伤和手指挫伤。严重者可导致休克、昏迷。

(3) 割伤，指由于刃具、玻璃片等带刃的物体或器具割破皮肤肌肉引起的创伤。严重时可导致大出血，危及生命。

(4) 擦伤，指由于外力摩擦，使皮肤破损而形成的创伤。

(5) 刺伤，指由尖锐物刺破皮肤肌肉而形成的创伤。其特点是伤口小但深，严重时可伤及内脏器官，导致生命危险。

(6) 撕脱伤，指由于车轮或传动带等产生的外力作用致皮肤和皮下组织从深筋膜深面或浅面强行剥脱，同时伴有不同程度的软组织损伤。

(7) 扭伤，指关节在外力作用下，超过了正常活动范围，致使关节周围的筋受伤害而形成的创伤。

(8) 倒塌压埋伤，指在冒顶、塌方、倒塌事故中，泥土、沙石将人全部埋住，因缺氧引起窒息而导致的死亡或因局部被挤压时间过长而引起肢体麻木或血管、内脏破裂等一系列症状。

(9) 冲击伤，指在冲击波超压或负压作用下，造成含气器官如肺脏、听器、胃肠道的损害，超强压还可以造成内脏破裂和肋骨骨折等，但一般较少造成体表损伤。其特点是多部位、多脏器损伤，体表伤害较轻而内脏损伤较重，死亡迅速，救治较难。

三、事故报告和处理程序

伤亡事故一旦发生，为了让有关部门及时掌握情况，迅速采取救援及预防等措施，必须按照有关程序及时报告。

1. 事故报告

（1）凡发生工伤事故，最先发现者应当立即向部门领导和公司安全生产委员会办公室报告，保护好现场并积极组织抢救。

（2）发生工伤事故部门的领导和公司安全生产委员会办公室人员接到事故报告后，应该在最短的时间内赶赴现场，组织抢救并保护好现场，防止事故蔓延、扩大。

（3）发生事故的车间或者部门，应该在发生事故后 24 h 内填写事故报告，报送公司安全生产委员会办公室。安委会应该及时召开会议研究处理意见，并上报县级劳动保障行政部门。

2. 调查与处理

（1）凡发生工伤事故，应认真按照“四不放过”原则进行调查、分析，查明原因，明确责任，确定和落实整改措施。

（2）一般事故或者重大未遂事故，应该在 2 天内由车间或者部门组织调查、分析，报集团公司安委会做出处理意见。

（3）发生重伤以上事故由集团公司安委会及有关部门组成调查组进行调查、分析。

（4）安委会应该建立事故档案，各职能部门应按照分工，整理、登记、保管好事故资料，如现场检查记录、交接班记录、仪器仪表记录、会议记录、化验分析、旁证材料、登记表、报告书及证人证言等。

（5）重大事故登记表应该写明所属部门、名称、部位、原因、伤害情况概要、事故概况等内容。

（6）工伤职工的工伤费用支出及其工作安排仍由原所在单位负责。

（7）经集团公司安委会认定为工伤的，其治疗与休息期间的工资按照本人的基本工资发放，并由安委办通知各相关部门。工伤职工享受工伤工资的时间从受伤害之日起至工伤医疗期满止。

(8) 工伤职工必须持县级以上医院的医疗费用单据，并附病历复印件、诊断证明书和医药费清单，经安委办审核通过后，方可报销。

(9) 因伤势严重确需转院治疗的，必须由原治疗医院出具转院证明，经公司安委会同意，方可转院。

(10) 一般轻伤的治疗或者休息时间不超过 60 天，重伤的治疗或者休息时间为 60～120 天，特殊情况确需继续治疗或者休息的，由工伤职工或者其家属提前向安委会提出申请，经原治疗医院进行重新诊断确认，并经安委会审核通过后，方可继续治疗或者休息；一个延长期一般为 30 天，最长不超过 60 天。

(11) 工伤职工治疗或者休息期满后即可复岗，原所在部门应该根据伤残情况优先安排其力所能及的工作；复岗通知由集团安委办下达，通知集团人力资源部，若工伤职工在规定的时间内没有进行复岗报道的，集团公司即按照旷工处理。

3. 事故分析

事故调查分析的目的主要是弄清事故情况，从思想、管理和技术等方面查明事故原因，分清事故责任，提出有效改进措施，从中吸取教训，防止类似事故重复发生。

事故调查分析的主要任务是：

(1) 查清事故发生经过。即通过现场留下的痕迹，空间环境的变化，对事故见证人及受伤者的询问，对有关现象的仔细观察以及必要的科学实验等方式或手段来弄清事故发生的前后经过，并用简短文字准确表达出来。

（2）找出事故原因。即从人的因素、管理因素、环境因素以及机器设备本质安全因素等方面进行综合分析，找出事故发生的直接原因和间接原因。找出事故原因是事故调查分析的中心任务。

（3）分清事故责任。通过事故调查，划清与事故事实有关的法律责任，并对有关责任者提出处理建议，包括行政处分和经济处罚。构成犯罪的，由司法机关依法追究刑事责任。

（4）吸取事故教训，提出预防措施，防止类似事故重复发生。这是事故调查分析的最终目的。

4. 事故调查程序

伤亡事故的调查是一项法律性、政策性、技术性和科学性很强的工作，调查过程中必须按照科学、合理的程序进行。这些程序主要包括：伤员抢救与现场保护，各种资料及证明材料的收集，事故现场摄影，事故图的绘制，事故原因分析、事故责任分析，写出事故调查报告等。具体程序如下：

（1）伤员抢救与现场保护。

（2）收集有关资料及证明材料。

（3）证人材料的收集。

（4）事故现场摄影。

（5）事故图的绘制。

（6）事故原因分析。

（7）事故责任分析。

（8）写出事故调查报告。

四、事故的处理、批复与结案

1. 伤亡事故的处理

伤亡事故处理的目的是通过对事故责任者的处罚来教育广大干部和群众，使其认真执行国家安全生产方针，遵守安全生产法规，杜绝“三违”现象，防止相同或类似事故的发生。

《生产安全事故报告和调查处理条例》第四章对伤亡事故的处理做了如下规定：

第三十二条　重大事故、较大事故、一般事故，负责事故调查的人民政府应当自收到事故调查报告之日起15日内做出批复；特别重大事故，30日内做出批复，特殊情况下，批复时间可以适当延长，但延长的时间最长不超过30日。

有关机关应当按照人民政府的批复，依照法律、行政法规规定的权限和程序，对事故发生单位和有关人员进行行政处罚，对负有事故责任的国家工作人员进行处分。

事故发生单位应当按照负责事故调查的人民政府的批复，对本单位负有事故责任的人员进行处理。

负有事故责任的人员涉嫌犯罪的，依法追究刑事责任。

第三十三条　事故发生单位应当认真吸取事故教训，落实防范和整改措施，防止事故再次发生。防范和整改措施的落实情况应当接受工会和职工的监督。

安全生产监督管理部门和负有安全生产监督管理职责的有关部门应当对事故发生单位落实防范和整改措施的情况进行监督检查。

第三十四条　事故处理的情况由负责事故调查的人民政府或者其授权的有关部门、机构向社会公布，依法应当保密的除外。

2. 事故的法律责任

根据国家有关规定，职工伤亡事故的处理应当按照以下原则审批结案：

事故发生单位主要负责人有下列行为之一的，处上一年年收入40%～80%的罚款；属于国家工作人员的，并依法给予处分；构成犯罪的，依法追究刑事责任：

（1）不立即组织事故抢救的。

（2）迟报或者漏报事故的。

（3）在事故调查处理期间擅离职守的。

事故发生单位及其有关人员有下列行为之一的，对事故发生单位处100万元以上500万元以下的罚款；对主要负责人、直接负责的主管人员和其他直接责任人员处上一年年收入60%～100%的罚款；属于国家工作人员的，并依法给予处分；构成违反治安管理行为的，由公安机关依法给予治安管理处罚；构成犯罪的，依法追究刑事责任：

（1）谎报或者瞒报事故的。

（2）伪造或者故意破坏事故现场的。

（3）转移、隐匿资金、财产，或者销毁有关证据、资料的。

（4）拒绝接受调查或者拒绝提供有关情况和资料的。

（5）在事故调查中作伪证或者指使他人作伪证的。

（6）事故发生后逃匿的。

职工伤亡事故处理结案后，要公开宣布处理结果。对有关人员的处分决定，要装入本人档案。劳动部门和有关部门要对处理结果执行情况进行监督检查。

五、工伤保险

工伤保险是指劳动者在工作中或在规定的特殊情况下，遭受意外伤害或患职业病导致暂时或永久丧失劳动能力以及死亡时，劳动者或其遗属从国家和社会获得物质帮助的一种社会保险制度。工伤保险是社会保险的一个组成部分。它通过社会统筹建立工伤保险基金，以保证劳动者或其遗属的基本生活，以及为受工伤劳动者提供必要的医疗救治和康复服务。

工伤保险有四个基本特点：一是强制性，它是指由国家立法强制一定范围内的用人单位和职工必须参加；二是非营利性，工伤保险是劳动者履行的社会责任，也是劳动者应该享受的基本权利；三是保障劳动者在发生工伤事故后，对劳动者或其遗属发放的工伤待遇要保障其基本生活；四是互助互济性，是指通过强制征收保险费，建立工伤保险基金，由社会保险机构在人员之间、地区之间、行业之间对费用实行再分配，调剂使用基金。

工伤保险遵循以下原则：无责任补偿原则，国家立法、强制实施原则，风险分担、互助互济原则，个人不缴费原则，区别因工与非因工原则，经济赔偿与事故预防、职业病防治相结合原则，一次性补偿与长期补偿相结合原则，确定伤残和职业病等级原则，区别直接经济损失与间接经济损失原则，集中管理原则。

第四章 石油化工企业安全生产技术

第一节 生产技术基础知识及危险因素分析

一、石油加工工艺生产系统的危险、有害因素及常见原因

1. 量的不安全因素及常见原因

（1）无流量、断流。常见原因有管道堵塞、输送线路错误、出口超压、泵故障、泵发生气缚（气塞、气封）、控制器故障、阀被卡住或关闭、止回阀装反、盲板未拆除、吸入容器抽空管道断裂、供电或供气故障等。

（2）倒流。常见原因有自流情况下的出口超压、发生倒虹吸、泵故障、止回阀装反、溢流阀或泄压阀故障、隔离设施故障等。

（3）流量过多。常见原因有管道出口压力降低、吸入端加压、喘振、控制器故障、内部泄漏、容器或管道破裂、泄压阀打开、爆破片破裂、物料黏度下降、沟流（填充床、沸腾床）、增加物料的时间不当等。

（4）流量过少。常见原因有泵故障、气蚀、喘振、管道泄漏、管道部分堵塞、排出端结垢或部分堵塞、吸入压头降低、阀卡住、控制器动作相反、控制信号减弱、物料黏度增大、没有在恰当的时间增加

流量、过滤器堵塞等。

（5）液位偏差。常见原因有冷凝、散出热量过多或过少、存在额外的物相、存在额外的物料、控制阀故障、供料过多或过少、振动、虹吸、膨胀、收缩、局部积聚等。

2. 化学状态的不安全因素及常见原因

（1）污染或存在杂质。常见原因有杂物（如空气、氮、水、润滑油、蒸汽）进入系统，催化剂损裂腐蚀产物，内部泄漏失去真空，隔离措施故障，不合格产品再循环，物料在炉管内或在沸器内发生热裂解，送错物料，原料中杂质变化等。

（2）浓度偏差。常见原因有排出物变化、混合物比例变化、在反应器内或其他地点发生额外的反应、进料变化、间歇生产中改变加料次序及数量、填充床或沸腾床中的沟流、催化剂活性变化、搅拌器故障、分离出非预期的物相、反应速度变化、与构造材料的（腐蚀）溶解等。

3. 物理状态的不安全因素及常见原因

（1）压力偏差。常见原因有沸腾、冷凝、反应、分解、闪蒸、起沫、爆炸、爆聚、进料和出料不平衡、堵塞、物料充满容器或管道无膨胀空间、控制阀故障、排液管故障、真空系统故障、日晒、外部火灾等。

（2）温度偏差。常见原因有冷凝、蒸发、环境条件、热损失、黏度或密度的增大或减小、外部或内部的火灾或泄漏、放热或吸热反应、催化剂活性变化、过热、火焰点燃、烧积炭、表面结垢、日晒、换热器一侧堵塞、热冲击（温度骤降、急冷急热）、雨淋、结冰、火焰熄灭、润滑故障、振动等。

(3) 外形、尺寸偏差。常见原因有破碎、研磨、搅拌不好、黏着、沉降、膨胀、收缩等。

二、生产过程主要危险有害因素

1. 火灾、爆炸分区

常减压装置、催化裂化装置火灾危险分类等级为甲类，装置区的原料和产品均为可燃液体或可燃、易爆性液体或气体，从原料的输入、加工到产品的输出，均有发生火灾、爆炸的危险。因此，火灾、爆炸是常减压装置、催化裂化装置的主要不安全因素。装置区内的大部分区域为爆炸危险 2 区。2 区范围内低于地平面的沟坑划为 1 区。

原油、汽油罐区火灾危险分类等级为甲类，距离储罐外壁和顶部 3 m 范围内，以及储罐外壁至防火堤，其高度为堤顶高度的范围内，均划为 2 区。柴油、蜡油、沥青罐区火灾危险分类等级均为丙类。油品装卸站火灾危险分类等级为甲类。

2. 腐蚀危害

由于常减压装置、催化裂化装置是在高温环境下操作，且在工艺流体中含有硫化氢等腐蚀性介质，因此，在生产过程中除可能发生化学腐蚀、电化学腐蚀外，还可能发生冲蚀、泡蚀、大气腐蚀、应力腐蚀开裂等。

3. 噪声危害

主要噪声源为机泵、压缩机、主风机、空冷器和蒸汽或空气放空，由此形成的高噪声区包括泵区、三机厂房和空冷器区等。

4. 灼烫危险

常减压装置、催化裂化装置内的主要高温设备包括塔类、部分换热器及蒸汽管线等，人体接触高温设备和管线的裸露部位，或高温物料泄漏至人身无防护处，均有被灼伤的危险。危险区域为生产装置区。精制过程液碱泄漏至人身无防护处，可造成化学性灼伤。

5. 中毒和窒息

硫化氢和油气对人体有害，吸入后可导致中毒和窒息。危险区域为常减压装置区和催化裂化装置区。

三、常减压生产工艺

1. 电脱盐脱水过程中的不安全因素

电脱盐脱水过程中使用高电压电气装置，若脱盐罐内未充满原油，存在空气就启动高压电源，遇高压电器绝缘不良或电压过大使绝缘击穿，可导致火灾、爆炸。高压电器绝缘或挡护不当、违章操作等，有发生触电的危险。若电脱盐脱水效果达不到要求，原料内含盐含水量超标，将会增加能耗、使蒸馏装置操作波动、腐蚀设备、影响产品质量，同时也会使二次加工原料中金属含量增加，引起催化剂的污染和中毒。同时，在生产过程中，随着温度的升高，水分蒸发，盐类沉积在加热炉管与换热器管壁上，影响传热，缩短传热管的使用寿命，严重时使系统压降增大，堵塞设备，造成装置停工。

2. 常减压生产过程中的不安全因素

常减压工艺是物理分馏的方法，工艺过程中不存在化学反应，正常生产时不会发生化学反应性爆炸。常压系统为正压操作，高温油气泄漏，则有发生火灾、爆炸的危险；减压系统为负压操作，空气漏入系统内可与油气形成爆炸性混合物，有发生火灾、爆炸的危险。主要工艺安全控制参数为温度、压力和液位，温度、压力控制点主要分布在分馏塔的顶部及底部、换热器及泵的进出口、各类容器及管线上，液位控制点主要分布在各类容器上。生产过程中的温度和压力控制指标主要取决于各馏分产品的沸点与饱和蒸气压，温度控制不当，除影响产量及质量外，同时还会影响到系统的压力，超温操作会导致系统压力上升，当压力超过系统的承受能力时，会引起密封点泄漏甚至管道、容器破裂，继而引发火灾、爆炸。

四、催化裂化生产工艺

1. 反应—再生系统

自罐区来的原料油长距离输送至生产装置，或产品输送至罐区，应注意热效应，若未合理设置 U 形弯，易因管道热胀冷缩产生的应力，导致管道破裂泄漏；输送汽油或液化石油气的管道若未合理设置接地线，可引起静电积聚，产生静电火花。

原料油通过罐区泵送入装置原料油罐。原料油通过原料油泵输送并与其他冷换设备换热，升温至 220～250℃。其他冷换设备内的介质为轻柴油、油浆等，由于热作用、腐蚀、材质缺陷等原因，可在输送管道焊口处、冷换设备焊口处、封头法兰、阀门等处产生应力变形，导致破裂或泄漏，遇明火会发生火灾、爆炸事故。原料油进料泵将原料油从原料油罐中抽出，将原料油输送至提升管反应器，若未设置备用泵，一旦损坏，将影响到安全生产。离心泵的出口若未设置止回阀，可因停电或电动机故障，导致物料倒流，损坏设备，甚至引发火灾、爆炸事故。

混合原料油经原料油雾化喷嘴进入提升管反应器，与 690℃左右的高温催化剂接触汽化并进行裂化反应。催化裂化是在高温和催化剂存在的情况下，在一定压力下进行的大分子烃裂化为小分子烃的反应，反应过程中的危险主要存在于反应—再生系统。该系统的反应温度为 505～510℃，再生温度为 690℃，系统压力为 0.21～0.25 MPa。

若操作失误或仪表失灵，致使温度过高，可烧坏设备；在再生器内发生炭堆积或二次燃烧，也可烧坏设备；如果两器压力控制不当，催化剂倒流，两器藏量压空，则会造成油气和空气互串，发生爆炸事故；催化剂因架桥、结焦等原因造成待生立管堵塞，使提升管反应器内结焦严重，可引起爆炸事故；待生催化剂带油，可造成再生温度升高，严重时可引起爆炸事故；系统超压，可导致容器爆炸；整个工艺过程为全密闭式正压操作，任何设备及管线的损坏、连接部位密封不良等都会造成易燃易爆介质泄漏，有引发火灾、爆炸的危险；高温下高速催化剂对提升管反应器有冲刷作用，若内衬的耐磨衬里质量不合格，可因腐蚀冲刷而导致提升管反应器泄漏，引起火灾、爆炸事故。

2. 分馏系统

分馏塔内含有硫化氢，由于硫化氢具有较强的腐蚀性，湿热环境更加剧了硫化氢对设备、管道的腐蚀，若选材不当，易导致设备、管道腐蚀损坏。

温度是整个系统的热量平衡和物料平衡的主要影响因素之一，若存在设计缺陷，不能严格控制分馏塔的各点温度，将影响到平稳操作，存在事故隐患。压力和液位也是影响安全生产的重要因素，压力大幅度波动，可引起火灾、爆炸事故。液位过高会产生雾沫夹带，由于气相线速过大，气液两相接触不好，将下面的重组分冲带上去，使塔顶及侧线温度上升，产品颜色变深或发黑，残炭比重增大，甚至冲塔、着火。液位低会造成塔底泵抽空而损坏设备，液位波动还会造成系统各控制参数不稳，处理不当会造成事故。分馏出的油气与循环冷却水进行换热时，若发生泄漏事故，油渗透到循环冷却水中，可能造成火灾事故。

分馏塔底温度不得大于 360℃，严禁超温，防止结焦、结盐，影响安全生产。若分馏塔底液位、分馏塔顶油气分离器液位控制不当，可造成泵抽空或满罐，引起憋压，导致事故。封油中断或带水，可造成分馏操作波动，影响安全生产。

3. 吸收稳定系统

吸收稳定系统主要由吸收塔、再吸收塔、解吸塔、稳定塔四部分组成，其主要作用是把从富气压缩机来的压缩富气和从分馏来的粗汽油分离成干气、液化石油气和稳定汽油。其主要原理是亨利定律和气体分压定律。在吸收塔内利用粗汽油、稳定汽油作吸收剂与冷凝分液后的压缩富气逆向接触，吸收富气中的 C3 和 C4，在再吸收塔内利用柴油作吸收剂与从吸收塔来的贫气逆向接触，吸收贫气中携带的汽油组分，塔顶干气去脱硫系统。由于吸收是放热过程，且高压低温有利于吸收过程进行，故吸收过程中设立了中段，以取走塔内所产生的多余热量。解吸塔又名脱乙烷塔，在该塔内利用塔底重沸器提供排除富吸收油中 C2 以上轻组分所需热量的解吸过程，适宜条件是高温低压，脱除下来的 C2 和少量 C3、C4 以上轻组分经冷凝，再次回到吸收塔，在再吸收塔完成吸收过程。稳定塔又名脱丁烷塔，是一个精馏塔，在该塔内利用塔底重沸器提供的热量，将进料脱乙烷汽油精馏，塔顶分离出 C4 以上轻组分（液态烃），塔底出脱丁烷汽油。

吸收塔的操作要点是控制贫气中 C3 及 C3 以上组分的含量，影响吸收效果的操作因素主要有温度、压力、液位、流量、液气比等。提高操作压力和降低温度对吸收有利。再吸收塔的主要操作要点是控制好塔底液位，防止因液位失控造成干气带油或瓦斯串入解吸塔。再吸收塔液位高于贫气入口时，会使吸收塔憋压或干气带液；液位过低易造成富吸收柴油夹带干气至解吸塔导致解吸塔超压，影响生产，甚至引起火灾、爆炸事故。

稳定塔的主要操作因素有回流比、压力、塔底和塔顶温度。回流比是回流量与产品流量之比，由于稳定塔顶组成变化很小，从温度上反映不很灵敏，主要是按一定回流比进行调节，以保证精馏效果。塔顶压力受解吸效果的影响较大，塔顶压力的调节主要通过控制热旁路调节阀开度来改变热旁路调节阀的压降，从而调节冷却器的取热量，改变 C3、C4 在凝缩油罐中的冷凝量，最终达到控制稳定塔顶压力不变。若操作控制不当或操作失误，可导致压力变化幅度较大，影响操作，甚至导致物料泄漏，引起火灾、爆炸事故发生。同时，在吸收塔进行新塔预热、换塔、小吹气时，富气量受影响而波动，会增加稳定系统的操作难度，影响安全生产。操作控制不当，使可燃液体串入火炬系统，火炬下火雨引起火灾。

五、物料输送

输送汽油、液化石油气等易燃物质的设备、管道等，若因腐蚀泄漏或连接部分密封不严而发生泄漏，遇点火源可发生火灾、爆炸；输送过程中可产生静电，并引起静电积累，产生静电火花。

烧碱对人体有强腐蚀性，迸溅到人眼或皮肤上会造成灼伤。

六、腐蚀的危险性

生产运行过程中，由于设备及管线在高温、高压下经常与含硫物质接触，从而产生严重的腐蚀现象，导致设备损坏。

硫化氢腐蚀是炼油及化工生产过程中最常见的腐蚀。腐蚀的程度随硫化氢浓度的增大和操作温度的升高而加大，干的硫化氢气体在 200～250℃温度条件下腐蚀很小，当温度高于 260℃时，腐蚀加快，钢铁的硫化氢腐蚀速度随着铬含量的增加而降低。在脱硫系统中，不仅存在着高浓度的硫化氢，而且存在着水汽，从而造成湿硫化氢腐蚀，这种腐蚀比干硫化氢腐蚀更严重。

此外，还存在应力腐蚀、冲蚀、泡蚀、大气腐蚀等。设备腐蚀轻者使管线及设备减薄，缩短运行周期，重者会造成泄漏而引起火灾、爆炸事故，严重威胁安全生产。

七、其他危险、有害因素

1. 若冬季无防冻措施或防冻措施落实不到位，供水系统会发生冻堵甚至冻裂，影响安全生产。夏季高温环境还会影响劳动者的体能，引起中暑或误操作。

2. 作业环境光线不良，可引起操作人员视觉疲劳，造成操作失误，导致事故发生。

3. 操作人员长期在有毒气体环境中工作，可导致职业病。

4. 湿度、降水以及地质的影响。

第二节　防火防爆安全技术

石油化工生产过程由多个单元操作过程组成，如物料输送过程、物料粉碎与混合过程、热量传递过程、物料分离过程、物料反应过程等。这些单元操作过程的防火是石油化工企业的防火重点。

一、物料输送过程防火

1. 气态物料输送过程的防火措施

（1）气态物料输送方式的选择。物料的输送方式应根据工艺操作要求确定，并以保证安全、经济、高效为原则。例如，真空蒸发、蒸馏和吸滤等操作，应采用真空抽送方式输送气体。后道工序需要加压操作，则宜采用压缩机等机械压送的方式。

（2）气态物料输送设备的选择。气态物料的输送设备除按输送方式确定外，尤其要注重按照物料的化学性质和防火防爆的要求进行选择。例如，压送氢气、乙炔等可燃气体的风机叶片等部件，绝不允许用能产生碰撞、摩擦火花的金属材质制造。同时，设备必须满足相应的防爆等级。实践证明，输送可燃气体，采用液环泵比较安全。为了避免压缩机气缸、缓冲罐压力增大所致的爆炸，其设计强度应满足最高压力的要求，而且在压力管线和缓冲罐上均需安装安全泄压装置及压力检测报警装置，以及自动调节装置和联锁停车自动装置。

（3）工艺操作的防火措施。在抽送和压缩可燃气体时，进气吸入口应经常保持一定的余压，以免出现负压吸入空气形成爆炸性气体混合物。压缩机特别是多级压缩机要保证有良好的冷却和润滑作用。冷却水的出口温度一般不得超过 40℃。在正常操作中，要对压缩机进行看、听、摸等方法的经常性巡回检查，发现有部件松动、发热、活塞被卡住、金属物落入气缸及气缸带液、部件损坏等故障，均应紧急停车进行检查、维修和更换。经常检查和记录入口和出口的压力。为了预防气体入口处的负压，要求开车和增加气量时，及时同送气岗位联系。经常检查室外缓冲缸，以防积水太多；压缩机与鼓风机之间应设联锁装置；气体总管要装设压力低位报警装置。当发现压缩机带液时，应立即判断是哪段气缸带液，并迅速打开该段油水阀和放空阀将气缸内的水排空。如严重带液，要紧急停车，检查各部件是否损坏，同时拆开活门对气缸、管道进行排水。为了防止出口压力憋高，开、停车过程中要仔细检查，不能弄错阀门；向外工段送气或切断送气，要密切相接，不能提前或延迟；发现压力增高，立即停车。为了预防冷却水不足或中断，要经常检查各段冷却水是否通畅；定期清理水冷却器和水夹套内的杂物；在上水总管上设置水压低位自动报警装置；开车时，及时打开水总阀门。

另外，为了预防可燃气体泄漏，对压送机械、管道等容易发生泄漏的部位，要加强经常性检查，发现泄漏及时检修。同时，容易发生可燃气体泄漏的场所应设置可燃气体检测报警设备，并采取通风换气措施，以便及时发现并及时处置，防止形成爆炸性气体混合物。

2. 液态物料输送过程的防火措施

（1）液态物料输送方式的选择。真空抽送适用于真空度不大条件下的短距离液体输送；而压缩气体压送适用于长距离输送液体；当液体的火灾危险性较大时，也宜采用惰性气体进行压送。通常多采用泵送方式输送液体，而采用虹吸和自流输送易燃液体的方式较为安全。

（2）液态物料输送设备的选择。当输送易燃可燃液态物料时，必须根据物料特性和防爆要求选择设备。一般来说，输送易燃液体宜采用蒸汽往复泵，输送各类油品宜采用防爆型离心式油泵。

（3）工艺操作的防火措施。为了防止各种泵类出口压力增高和更好地调节流量，出口管道上应安装支路回流控制阀。泵、管道等设备容易发生泄漏的部位均应密封可靠并经常检查，发现泄漏及时处置。要求连接处用垫圈密封，泵轴与泵壳之间要采用轴封装置，即填料密封或机械密封。容易产生腐蚀破坏的设备及管道，要采取有效的防腐措施，一旦发现锈蚀应及时维修和更换。输送易于产生静电的设备和管道，均要有良好的整体性静电接地装置。容易发生泄漏的场所应设置可燃蒸气浓度监测报警装置，并要有良好的通风设施。

3. 固态物料输送过程的防火措施

（1）固态物料输送方式的选择。合理地选择输送方式，对于防止火灾发生不无关系。例如，可燃粉状物料以惰性气体气流输送方式较为安全，而斗式提升输送方式则易引起粉尘飞扬，增大粉尘爆炸的危险性。螺旋输送油料粕等小颗粒物料却不易引起粉尘飞扬。

（2）固态物料输送设备的选择。不同的输送方式，其输送设备种类不同。从防火安全角度考虑，容易产生可燃粉尘飞扬的物料，以气流密闭输送为好；块状、包装类物品以传送带输送机平稳输送为好。但容易产生火花或高热的输送设备，不宜输送可燃物料。若必须采用，应采用相应的防爆类型或具有可靠的防护措施。

（3）工艺操作的防火措施。防止产生静电。可燃物料输送的管道应选用导电性能好的材料制造，并应有良好的接地装置。输送操作中要保持速度平稳，不可急剧改变送风量或送料量，且其流速要控制在规定范围内。输送管道的直径要设计合理，弯曲和变径部位要尽量减少，使过渡平缓，管道内要平滑且便于清理，以防物料在管道内堆积堵塞管道。输送机械的传动和转动部位要保持正常润滑，传送皮带应松紧适当，防止打滑而摩擦生热，并宜采用张紧装置。动力电动机及其线路要经常检查维护，防止产生漏电和短路事故。容易引起粉尘飞扬的输送物料场所，要经常清理积尘，防止粉尘爆炸。

二、物料粉碎与混合过程防火

1. 物料粉碎过程的防火措施

（1）防止粉尘爆炸。对于能产生可燃粉尘的破碎、研磨设备，要求密闭，并要设置静电接地装置和爆破片泄压装置；对于具有火灾、爆炸危险较大物料的粉碎设备，操作中应施以充氮保护。物料进入粉碎设备前应进行磁选，以去除铁钉等金属硬物；加料斗的构造要求封闭，在破碎和研磨时，加料斗需保持满料，使加料口经常有料进入粉碎设备内；加完料后，料斗的盖子应封严。粉碎设备的操作间应有良好的通风措施，宜设置机械通风除尘和水喷灭火设备（当物料不能与水发生反应时）。

（2）防止产生点火源。要随时检查维修设备，防止机械物件松脱掉入粉碎机内；观察有无硬物混在物料中以便及时清除；转动部位的润滑要可靠；研磨具有爆炸危险物料的球磨机宜内衬橡胶或其他柔软材料，研磨体可采用青铜球，消除设备内产生撞击火花和摩擦生热的可能性。物料初次研磨前，要先在研钵中试验，了解其火灾危险性和有无黏结现象后，再进行粉碎生产。可燃物料特别是具有自燃特性的物料，研磨后应经冷却再装桶。具有粉尘爆炸危险的操作间内的所有电气设备，均应满足相应的防爆等级。

当发现粉碎系统物料阴燃或着火时，须立即停止送料和停机，充入氮气、二氧化碳、卤代烷或水蒸气等灭火剂扑救。不宜采用强水流冲击，以免粉尘飞扬造成新的爆炸事故。

2. 物料混合过程的防火措施

混合操作是石油化工生产经常采用的工艺。凡是两种以上相分离的物料，按一定的组成均匀分布成一体的操作都属于混合操作。混合操作有的属于物理分散过程，有的属于化学反应过程。生产中常见的混合有气—气混合、液—液混合、固—固混合、液—固混合等操作过程。由于物料具有火灾危险性，混合设备的故障及人为操作不当，也会使混合操作过程产生火灾、爆炸的危险。

（1）严格控制各种点火源的产生。易燃易爆物料混合操作的场所，除要严格控制各种人为点火源外，电气设备应保证具有相应的防爆等级。混合器容易产生摩擦生热的转动部位要加强润滑，必要时可辅以其他冷却措施。混合过程中能产生静电火灾的设备，应设置可靠的静电接地装置。对于物料火灾危险性较大、混合过程中又有产生碰撞火花危险的操作，除要在操作前清除可能产生碰撞火花的杂物外，还应采取氮气保护措施。

（2）保证搅拌器运转正常。搅拌器是保证物料按工艺要求混合的核心设备，其设计、选型必须合理适用。当因停电搅拌器停转或搅拌器发生损坏故障时，应及时有可靠的人工等辅助混合措施，如以高压气流、高压液体等方法补救。特别是对于放热的混合操作过程，除要设置有效的冷却系统外，搅拌器还应采用双电路供电。

（3）混合设备要保证安全要求。对于可燃气体、液体混合操作设备和容易产生粉尘爆炸的混合操作设备，必须做到严密封闭。有时为了防止混合设备增压，可装设安全泄压装置或排尘管。火灾、爆炸危险性极大的混合设备，宜设置温度或压力检测报警装置、自动调节联锁或联动装置、灭火装置或抑爆系统。操作过程中要严格遵守安全操作规程，发现异常情况及时处置，确保混合过程的防火安全。

三、热量传递过程防火

1. 物料加热的防火措施

（1）直接火加热。处理易燃易爆物料的生产操作，不宜采用直接火加热方式。如果工艺条件要求必须采用，要尽量避免火焰直接接触设备，最好采取烟道气加热或火焰通过辐射方式加热。当火焰直接接触设备时，要有防止设备局部受热过度和烧穿设备的措施。炉灶、烟道、烟囱等部位的缝隙应堵实，并应涂白漆或白灰以便发现泄漏。可燃物应远离这些部位。容量较大的加热设备应备有事故排液罐；容易发生增压爆炸的设备要设置温度或压力检测报警装置和安全泄放装置。在燃气加热设备进气管道上须安装阻火器；在以煤粉作燃料的煤粉输送管道上应装设爆破片。为了便于在应急情况下紧急处置，炉灶应采取“死锅活灶”。用烟道气加热时，应防止燃烧室内的火星进入受热物料设备；用煤作燃料时，可采用挡火墙阻挡火星。对燃油、燃气的加热炉，点火前要检查供油、供气阀门的关闭状态，并用蒸汽吹扫炉膛，排除其中可能积存的可燃气体，以免点火时发生炉膛爆炸。

（2）水蒸气和热水加热。通常物料加热温度在100℃以下的，应采用热水循环加热；100～140℃的，可用蒸汽加热；但忌水的反应物料（如金属钠）绝不可用热水或蒸汽加热，以免设备渗漏发生爆炸。

（3）载体加热。采用油类载热体加热时，应尽量选用高沸点的矿物油。例如，需要将物料加热到140℃以上，可用闪点和沸点都较高的62号或65号气缸油作为载热体，并由浸入油面以下的电加热管加热，或采用热油循环加热。如果采用热油循环，油加热器的排气管直径要选择适当，以防排气管堵塞而使系统压力增加，引起喷油。喷油可使油面下降，电热器露出油面形成明火源。忌水性物料应采用油载体加热。另外，油循环系统应密封，不可出现渗漏，温度和压力指示仪表应可靠，并要做到定期检查和清除油锅、油管内的沉积物、结焦物，防止堵塞管路。

1）以联苯醚为载体的加热。道生炉上应安装压力计、安全阀、放空管和油位指示器。道生蒸汽管和回油管直径应设计合理，避免堵塞。联苯醚载体的容器和加热循环系统应保持密闭，无泄漏。道生炉宜采用火管式炉子，以保证有较好的循环对流和局部过热减少。开车前要排净道生系统内的残留水；新的或添加的载热体，需经脱水预热，去除水分。在运行过程中，如遇压力突升的紧急情况，要立即打开放空阀泄压，并关闭通向加热设备的阀门，同时熄火。检查系统有无渗漏。停炉时，先放出被加热设备中的物料，然后关掉蒸汽阀。停车检修时，应检查设备有无渗漏；开车时，应先把进汽阀和回油阀全部打开，然后按规定升温，把载体中的水分排除。开车初期，要注意温度与压力的关系，如果压力偏高、温度偏低，说明有水分存在，应继续排气；如果压力偏低、温度偏高，说明油量不足，应补加油。操作中要严格控制炉的温度不超过 30℃。

2）无机载热体的加热。保证设备完好，尤其要防止硝酸盐混入燃烧室中，或与泄漏物料的熔盐接触。操作中和进行火灾扑救时，严防水进入熔盐和熔融金属的设备中。

（4）电加热。当加热易燃物料时，应采用封闭式电炉。电炉丝与被加热的器壁要有良好的绝缘，以防击穿器壁。因此，导线的绝缘层应具有防潮、防腐、耐高温的性能。加热温度超过 250℃的加热操作，大多采用感应加热，导线应满足最高载荷的要求，并且导线接触部位要加跨接条。谨防物料滴漏，特别是在电感加热器的上方不可设置计量槽的中间储罐等。电加热设备宜安装自动控温联动装置。加热温度接近或超过物料自燃点的操作，应采用惰性气体保护。物料的加热应严格控制在分解温度以下。

2. 换热过程的防火措施

（1）换热设备的防火措施。设备的连接处及焊缝等部位应经常检查，保证其密闭无渗漏。当介质为腐蚀性时，应采取器内防腐措施，或选择抗腐蚀的不锈钢、石墨等材料制造的换热器。换热器的进出物料和换热载体的管线上应设置温度、压力检测仪表；高压换热器还应设置安全泄压装置或放空管。油品的换热设备区应安装蒸汽灭火设施。容易发生泄漏的易燃易爆物料的换热设备下方，应有防止油品流散的围堰，该区的下水道应设水封井，围堰内宜设置可燃气体浓度检测报警装置。

（2）换热设备操作的防火措施。换热设备内的污垢要定期清除，清洗过后的残积水应排净。某炼油厂就是由于开车前未排净残积水，遇高热物料汽化而发生了换热设备爆炸事故。换热设备不凝可燃气体的排空，宜采用密闭式；若使用敞开式，宜充氮保护。火灾、爆炸危险性大的换热操作，其冷或热载体的供给要有可靠保证，如泵等输送机械应有备用设备或双路供电保障。

四、物料分离过程防火

1. 物料蒸馏过程的防火措施

（1）减压蒸馏过程的防火措施。减压蒸馏设备必须保持严密性，真空泵管路须设单向阀，防止突然停车时空气进入设备内。真空系统的排气管应通至厂房外，管端应设阻火器。冷凝、冷却系统必须保证有效，应有制冷剂中断后能及时给予补救的措施。要严格控制升温速度及上限温度，以防发生冲料。

蒸馏操作结束时，应先停止加热，待其降温后，再解除真空。如为自燃点较低或遇空气容易分解爆炸的物料，解除真空时应缓缓灌入惰性气体后，再停真空泵。开车时，则应先开真空阀门，再开冷却器阀门，最后打开蒸汽阀门，否则物料会被吸入真空泵引起冲料，或使设备受压，甚至引起爆炸。

（2）常压蒸馏过程的防火措施。蒸馏系统应密闭，尤其是介质的腐蚀性较强时，设备应有良好的防腐保护。蒸馏设备内严防冷水突然进入，操作时应先将塔内及蒸汽管道内的冷凝水放净。间歇式蒸馏操作中，严防蒸干使残渣焦化结垢引起局部过热而着火或爆炸。用直接火加热蒸馏高沸点物质（如苯二甲酸酐）时，应控制温度限度，并要防止设备内自燃点很低的树脂焦状物遇空气自燃。蒸馏接近结束时或残留物趁热放料时，可用惰性气体保护或降低卸料温度。

常压蒸馏的再沸器温度要严格控制，防止出现物料的瞬间急剧汽化。冷凝器、冷却器效果必须良好，而且接收冷凝的接收器的排气管应伸出屋外，周围半径 15 m 范围内不得有产生火花地点，接收器内最好设有冷却装置，以减少蒸汽的蒸发损失和增加安全性。蒸馏系统管路要保持畅通；当发生物料冷凝堵塞时，可用热水或蒸汽对管道外壁加热，绝不允许用明火加热烘烤。

（3）高压蒸馏过程的防火措施。高压蒸馏系统应定期进行气密性和耐压试验检查；系统上须安装安全泄压装置；易燃易爆物料的紧急排放应送入密闭处置系统，液态排放应设事故槽；气相排放应接火炬或集中排放系统。温度和压力的控制宜采取联锁自动调节控制系统。其余措施同常压蒸馏。萃取、吸收、蒸发等提纯分离操作的火灾危险性及预防措施基本上与蒸馏操作相同。值得注意的是，对于吸收放热、溶解放热的分解操作，要严格控制温度，保证热量及时移出而不造成温度异常，这对于防火防爆是十分重要的。

2. 物料机械分离过程的防火措施

（1）旋风分离过程的防火措施。可燃物质的旋风分离载流体不宜采用空气，而应选用氮气、烟道气等惰性气体。旋风分离系统必须设置静电导除装置，严格控制旋风分离场所内的各种火源。

（2）液体分离器和高速离心机分离液态物料过程的防火措施。液体分离器设备应经常维护，确保密闭无泄漏；筒体应安装可靠的静电接地装置；操作中要严格控制液位和静置时间，避免发生溢料、跑料事故。高速离心机分离低自燃点易燃液体，或有在离心机内形成爆炸性气体混合物危险时，应采取惰性气体保护措施。离心机要保证性能完好，无泄漏。

（3）离心机甩滤过程的防火措施。当采用离心机进行易燃、可燃液体—固体甩滤操作时，离心机马达必须防爆，离心机壳体必须接地可靠。使用的皮带必须是整根的三角皮带，不得使用有金属接头的万用皮带，而且数量宜为 3 根，并且松紧适度。离心机滤袋的材质最好采用帆布；合成纤维滤布易产生静电，尽量少用或不用。不得已使用时，要注意出料时应先将滤饼用木铲铲松，然后慢拉滤袋，以免突然剥离而产生高压静电。离心机转篮涂有防腐涂料时，也容易产生静电火花，必须高度注意。

为了防止形成爆炸性气体混合物，除了要在拦液板上设槽边吸风装置外，还应有防止气体扩散的措施。离心机应加盖，放料管应伸入接收器，接收器不得敞口，并宜采取内循环法。离心机停车应缓慢、间歇进行，不得用力猛刹车，以防强烈摩擦产生高热。

（4）压滤过程的防火措施。压滤机应有良好的接地装置，并且严防泄漏；滤液接收器不得敞口，应加盖封闭，蒸汽可用排气管导出室外。若滤液温度较高，应加设冷却设备降温冷却。

压滤开始时，压力要低，滤速要慢，以控制滤液缓速流出。经过一段时间后，压力方可缓慢平稳提高。如果工艺操作上有难度，则可通入惰性气体，驱除系统内的空气后，再进行压滤操作。压滤结束，应待温度降低后再拆开压滤机盖，取出滤饼，以减少溶剂蒸发扩散。

含有易燃液体的物料应用惰性气体压滤，不得采用压缩空气压缩。压滤机旁应设机械吸风口，及时排出逸出的气体。容易产生蒸气泄漏的压滤操作场所，应设置可燃气体浓度检测报警装置和泡沫等灭火设备。

(5) 抽滤过程的防火措施。抽滤系统应保持严密无漏，以防吸入空气。真空泵必须有洗涤器和安全罐。洗涤器内一般装水，以凝聚和洗去部分滤液蒸汽；必要时可在安全罐前设冷凝回收装置，既可回收部分溶剂，又可减少进入真空泵的溶剂蒸汽量。

当物料内含有低沸点溶剂时，则不应采取抽滤法分离。

五、物料反应过程防火

1. 预防泄漏类火灾与爆炸的措施

(1) 防止泄漏。防止泄漏除要从行政管理角度加强教育外，还应从设备和操作两个方面加以研究。

反应器的材质选择要适当，特别是要具有良好的防腐性能。密封结构设计应合理；焊缝质量要保证；各连接部位的安装要达到密封质量要求，并尽量减少连接部位；易燃易爆物料的输送管道应尽量采用无缝钢管，且宜采取焊接连接。容易产生应力载荷的部位，应采取减振、热胀补偿等消除应力措施。定期或不定期地测试和维修设备，确保反应系统无泄漏。防止出现操作失误、错误操作和违章操作。

阀门的开关应有明显标志，管线应按规定涂色；开启孔盖要在保证无泄漏的状态下进行。经常进行业务培训和职业教育，提高责任感和消防安全意识，减少人为操作所致的泄漏事故。

(2) 及时发现和处置泄漏。及时发现泄漏是预防泄漏类火灾的重要环节。为此，容易发生泄漏的部位和场所要进行经常性的试漏检查。可采取听、闻、摸、喷涂试剂、肥皂水试漏、pH 试纸检验、压差检验等方法进行检查。易燃易爆物料的反应操作场所应设置可燃气体浓度监测报警装置和良好的通风、驱散、稀释等设施，便于及时发现、及时处置，消除火灾、爆炸危险。

处置泄漏的根本方法是堵封泄漏孔洞，断绝泄漏源。泄漏的物料应尽快清理干净；有发生爆炸性气体混合物爆炸危险的，应及时通风，或喷雾水驱散，或充入惰性气体稀释、冲淡至爆炸下限以下。

(3) 严格控制泄漏区域内的点火源。点火源的存在是引起泄漏类火灾或爆炸的关键。假如无任何点火源存在，即使形成了爆炸性气体混合物，也不会发生爆炸。

泄漏发生后，应立即熄灭可能波及区域内的各种明火，如锅炉房、加热炉的明火，动火检修的焊接或喷灯的明火。非防爆电器不得随意开关，控制一切电气火花；能产生火花的一切行为或动作，也应立即停止，确保危险区域内无任何点火源存在。

2. 预防反应操作失控的措施

(1) 防止操作引起的反应失控。首先必须严格按照操作规程的规定，进行投料速度、投量配比、投料顺序、升温和升压速度的控制，保证操作温度、压力在规定的数值范围内。发现事故苗头，立即遵照紧急事故处理方案操作。

提高职业责任感、业务水平和消防安全意识，尽量避免出现操作失误、违章和违纪操作。

(2) 防止设备引起的反应失控。平时应经常检查和维护反应设备，避免产生泄漏条件；开车前要彻底清除反应设备内的残留水及污垢，保证冷却和加热系统供给正常，冷却水供给泵应有备用泵，电源应为双电路供电；搅拌系统要严格密封，并为双电路供电。当搅拌系统无法运转时，应有人工搅拌、高压水冷却或紧急卸料等措施。火灾、爆炸危险性较大的反应设备，应设置氮气保护系统，或抑爆系统和灭火系统。

设备除安装温度、压力等控制、显示仪表装置外，还应有与温度或压力联锁的自动控制系统。安全泄压装置要定期试验检查，保证灵敏可靠。

六、防火安全检查

防火安全检查与火险认定的目的在于发现火险隐患，然后组织整改，消除隐患，预防火灾的发生，并监督落实防火、灭火措施，以备及时扑救初起火灾。

1. 健全防火安全检查制度

开展防火检查，一般都采取经常性检查和季节性检查相结合、群众性检查和专门机关检查相结合的方法。企事业单位进行防火检查时，要因地制宜地落实各项防火措施。

(1) 企业内部的检查

1）全厂性检查。厂级检查班子应以厂长或主管安全生产的厂长、安全处（科）长、安全工程师及各车间、仓库主管负责人等组成，负责全厂范围内的防火检查。全厂性检查每季度进行一次。

2）车间级检查。车间级检查应以车间、库房主管负责人、兼职或义务消防人员、工艺技术人员、设备技术人员和富有操作管理经验的工人、保管员等人员组成防火检查小组，负责全车间、仓库的防火安全检查。检查一般应按月、周或开、停车及检修等环节进行。

3）工段级检查。由工段长组织各班长、组长、安全员、义务消防人员和有关岗位工人等进行防火检查。工段级检查每周进行一次。

4）岗位检查。岗位检查是由操作人员进行的检查。这种检查每天都要进行，每班至少一次。有时结合班前、班后和交接班时间进行，有时在操作巡视中进行，有时结合安全大检查而进行预先的检查。

5）夜间检查。根据火灾发生的时间规律统计，夜间是最易出现火灾事故的时间。因此，加强夜间检查是减少夜间发生重大火灾的有效措施。夜间检查主要靠专、兼职防火人员，值班干部，警卫巡逻人员；防火检查班组也可结合平时检查而进行抽查。检查重点是：职工劳动纪律情况，设备操作运行状况，火源、电源有无异常情况等。

6）定期检查。这种检查根据季节的不同特点，同有关安全活动结合起来，由单位领导组织并参加。这种形式的检查包括季节性检查和节假日检查。季节性检查是工厂对本部门一些受季节变化影响的工程或单位进行的检查，如夏季检查降温设施，冬季检查防冻采暖设施等。节假日检查主要是对人的思想情绪、工作状况进行检查，以便妥善地安排好工作，避免思想上的不稳定情绪带来的不安全行为。

（2）政府安全生产监督管理部门的检查。这种检查由企事业单位所在地的政府安全生产监督管理部门组织领导，对企事业单位的防火安全情况进行普查。对推动和帮助基层单位落实防火安全措施，消除重大火灾隐患具有重要的作用。通常有互查、抽查和重点检查三种形式。

互查是生产企业单位参加的协会或组织，将所属会员单位的安全技术、消防等部门的人员组成检查班子，在同行业中开展轮流互相检查。由于参加检查人员都是同行业防火管理的行家，往往能发现一些本单位忽略或平时尚未发现的火灾隐患，对一些共性问题还可彼此磋商，探讨解决的办法，同时还能收到互相学习、互相促进的效果。

抽查是政府安全生产监督管理部门或公安消防监督部门及企事业单位的安全、消防管理部门，为了检查、督促与了解基层单位消防措施落实情况，推动防火工作开展所实施的一种检查方法。抽查要不定期地随时随地进行，也不要事先通知被查单位。同时，要注重安排防火重点单位或重点部位的抽查。

重点检查是对已经检查出来的某种技术性较强、整改难度较大的火灾隐患，在上级领导的参加下，邀请有关工程技术人员会同消防监督、管理干部进行实地“会诊式”分析验证，协商研究整改方案，因此又称鉴定性检查。

(3) 消防监督机关的检查。消防监督检查是国家赋予公安消防监督机关的职权之一，是实施消防监督的一个重要手段。这种检查由当地公安消防监督机关按分级管理的原则督促指导并协助安排实施。

2. 防火检查的基本内容

(1) 消防设施的完善情况。厂区消防设施是否配置齐全、合理、完好；扑救初起火灾所用的消防器材配置是否合理，维护保养程序如何；消防水源的种类及其保障给水的能力；消防通道和安全疏散通道的情况等。

(2) 总平面布置的情况。改建、扩建或新建企业厂区内规划布置情况，建（构）筑物之间的防火间距是否合适，是否存在乱堆乱放、违章建设等能促使火势蔓延的因素和条件。

(3) 生产及储存过程的防火安全情况。厂房和库房建筑是否符合生产、储存物品火灾危险性分类的要求；生产过程中存在的火灾危险因素，如操作危险、设备危险及安全管理状况。仓库内储存物品的种类、数量、储放方式的变化情况是否存在超期、超量混合储存的现象等。

（4）点火源的管理情况。可成为点火源的生产、生活用火点的分布和数量；用火设备的安全程度；电气设备线路的安装、使用是否符合规定；控制明火源、电源及静电火花、雷电和摩擦、撞击火花及高温表面等，点火源的安全措施是否得当；安全装置是否合理好用。

（5）重点部位的消防管理状况。重点部位是防火检查的重点，确定是否合理；所采取的措施和办法是否能满足该部位的消防安全要求。

（6）对职工的安全教育和训练情况。职工三级安全教育内容中消防安全部分的教育内容是否适当，安全教育的重视及实施情况如何；重点工程的安全教育程度，义务消防队训练内容、项目的针对性及实用性；初起火灾的扑救能力和骨干作用发挥情况等。

（7）消防行政管理的基本情况。企业内各级领导和职工对消防工作的认识和重视程度；“谁主管、谁负责”原则的落实情况；消防安全组织机构是否健全，其职能发挥如何；逐级防火责任制、岗位防火责任制以及其他各方面安全管理制度建立与执行情况；防火检查与火险隐患的整改情况；重点单位落实“消防安全十项标准”情况等。

第三节　电气安全技术

一、电气运行

1. 易燃易爆场所电气设备和线路的运行和检修，必须按《爆炸

性环境　第1部分：设备　通用要求》（GB 3836.1—2010）和《中华人民共和国爆炸危险场所电气安全规程（试行）》执行。

2. 电气设备必须有可靠的接地（接零）装置；防雷和防静电设施必须完好，每年应定期检测。

3. 电气作业人员必须经过专门培训，考核合格后持证上岗，应按规定穿戴好劳动防护用品和使用符合安全要求的电气工具。

4. 变、配电所制定符合现场情况的现场运行规程，值班人员的职责应在现场运行规程中明确规定。

5. 高压设备无论带电与否，值班人员均不得单人移开或越过遮栏进行工作。若必须移开遮栏，要有监护人在场，并符合设备不停电的安全距离。

6. 雷雨天气需要巡视室外高压设备时，巡视人员应穿绝缘靴，并不得靠近避雷装置。

二、电气检修

1. 电气检修必须执行电气检修工作票制度。工作票由指定签发人签发，经工作许可人许可，并办理工作许可手续后方可作业。

2. 必须带电检修时，应经主管电气的工程技术负责人员批准，并采取可靠的安全措施，作业人员和监护人员应由有带电作业实践经验的人员担任。

3. 在停电线路和设备上装设接地线前，必须放电、验电，确认无电后，在工作地段两侧挂接地线；凡有可能送电到停电设备和线路工作地段的分支线，也要挂接地线。

4. 停电、放电、验电和检修作业，必须由负责人指派有实践经验的人员担任监护，否则不准进行作业。

5. 在带电设备附近动火，火焰距带电部位 10 kV 及以下的为 1.5 m；10 kV 以上的为 3 m。

6. 更换熔断器，要严格按照规定选用熔丝，不得任意用其他金属丝代替。

第四节 压力容器安全技术

由于压力容器是一种特殊装备，因此其使用和管理也有特殊要求，加强企业压力容器管理是确保企业安全生产的重要措施。

一、压力容器的管理内容

装备管理部门是压力容器的主管部门，其主要职责有：

1. 贯彻执行原国家劳动总局颁发的《压力容器安全技术监察规程》。

2. 参加容器安装的验收及试运行工作。

3. 监督检查压力容器的运行、维修和安全装置的校验工作。

4. 根据容器的定期检查周期，组织编制年、季度检验计划，并负责组织实施。

5. 负责组织编制压力容器的维护检修规程和修理、改造、检验及报废等技术审查工作。

6. 负责压力容器的登记、编号、建档及技术资料的管理和统计报表工作。

7. 参加压力容器事故的调查、分析和上报工作，并提出处理意见和改进措施。

8. 负责组织检验人员、焊接人员、操作人员进行安全技术培训和技术考核。

二、压力容器的技术档案管理

技术档案管理是压力容器管理的基础工作，必须做到“齐全、及时、准确”。档案内容除制造厂提供的原始档案资料（包括设计资料、制造资料等）外，尚应包括：

1. 安装、复验、首检记录资料（首检资料一般由各主管局压力容器监督站提供）。安装单位在移交给使用单位验收时，应将设计、制造、首检、安装、复验等有关资料一并移交。

2. 容器使用记录应包括：

（1）操作条件（压力、温度、介质特性等）。

（2）操作条件的变更。如压力、温度的波动范围，间歇操作周期，工作介质特性的变化等。

（3）开始使用日期，开、停车日期，变更使用条件等。

（4）压力容器的检查、修理记录。包括检验或修理的日期、内容、结果，水压试验记录，发现的缺陷以及处理情况等记录。

三、压力容器的安装、使用、维护和检修

压力容器的安装、使用、维护和检修除要达到一般装备的要求外，尚须做到以下几点：

1. 安装压力容器时应注意的事项

（1）无论安装在室外或室内，压力容器的防火设施都应符合国家建筑设计及防火规范的要求。

（2）安装在室外的压力容器通风条件要好，同时还要考虑防日晒和防冰冻措施。安装在室内的容器，其房屋必须宽敞、明亮、干燥，并保持正常温度和良好的通风。

（3）室内外容器之间的距离不得小于 0.75 m，容器和柱之间的距离不得小于 0.5 m。

（4）居屋的室内标高决定于室内安装容器的高度及吊装要求高度，一般不应低于 3.2 m。

（5）室内放置的容器有可能形成燃烧爆炸气体时，电气装置应达到防爆要求，容器要可靠地接地；存放有毒气体容器的房屋，要有通风装置；有些特殊场所还要考虑万一发生介质渗漏的中和处理设施。

（6）对安放高压和超高压容器的房屋还应做到：用防火墙把它与生产厂房隔开；尽可能采用轻质屋顶；同时装有几台容器的房屋，要根据容器容量将容器分别安设在用防火墙隔开的单间内，每台容器应有单独的基础，并且不要与墙柱及其他装备的基础相连。

2. 压力容器的合理使用

（1）操作人员必须严格执行容器安全操作规程。其操作规程应包括如下内容：

1）要规定操作工艺指标，如最高工作压力，最高、最低工作温度等。

2）规定操作方法，如开、停车操作程序及注意事项等。

3）应标明容器运行中的重点检查部位与项目，并说明容器在运行中可能出现的异常现象与处理方法。

4）应标明间歇生产容器停用时检查的部位与项目。

5）应规定定时、定点进行巡回检查的内容等。

（2）建立岗位责任制。操作人员应经过培训考试合格，才能上岗操作。操作人员必须熟悉本岗位压力容器的技术性能、结构原理、工艺指标以及可能发生事故和应采取的措施，熟悉工艺流程和管线上阀门及盲板的位置，避免发生误操作。

（3）加强巡回检查。应认真进行对安全阀、压力表及防爆膜等安全附件的巡回检查。

（4）应严格控制工艺参数，严禁超压超温运行，如容器承受压力或温度超过最高允许压力或温度时，应立即按操作规程规定的程序，采取紧急措施。

（5）容器在加载时，速度不宜过快。应尽量避免操作中频繁的、大幅度的压力波动，力求平稳操作。

（6）尽量减少容器的开停次数。

3. 压力容器的维护

（1）采取有效措施，防止大气与介质对容器的腐蚀（如喷涂、电涂、涂层、衬里等），并经常检查，保证完好。

（2）容器上的安全装置（安全阀、卸压孔、压力表及防爆膜等）应保持清洁、完好、灵敏、准确、可靠，并定期进行检查和校验。

（3）采取有效措施，防止容器和有关连接管道的跑、冒、滴、漏，一有问题，应立即消除。

（4）经常检查容器上的紧固件，力求齐全、完整、紧固、可靠。

（5）发现有振动、摩擦现象，应及时采取措施排除或减轻。

（6）检查容器的静电接地情况，保证接地装置完整、良好。

（7）保持绝热层及保温层完好。

（8）停用、封存的容器也应定期进行维护。

4. 压力容器的检修

压力容器的检修应符合原国家劳动部及有关部门的规定，严格按周期有计划地进行检验与检修，在进行检验与检修时应注意以下几点：

（1）容器内部有压力时，不得对任何受压元件进行任何修理或紧固作业。

（2）泄压、降温要按操作程序进行。只有在扫线、置换、中和合格，发给并交出动火证后，才能进行检修工作。要切断一切与之连接的气源与物料道路，尤其是易燃有毒气体的物料，必要时加设盲板严密封闭，以防阀门泄漏，造成事故。

（3）检修人员在进入容器检验或检修时，要有专人监护，并有联络信号。检验结束，要指定专人清除容器内的杂物，并及时进行封闭（较大容器要有封塔封罐证）。

（4）容器修理或改造后，必须保证受压元件的原有强度和制造质量。在进行修补、开孔、更换筒体、焊接或热处理时，必须预先提出方案，经过校核验算，按技术规范和制造工艺要求提出正确的焊接工艺方法。经单位主管容器技术人员同意，二、三类容器还应经本单位技术总负责人批准，三类容器还须报主管部门及同级劳动部门备案后，才能动工。

（5）容器如由本单位自行检修，应派考试合格且技术较好的焊工进行。如委托外单位施工，必须是经批准的施工单位并持有合格证的焊工才能进行修理。焊缝的质量十分重要，必须予以保证。

（6）不得在压力容器上任意开孔或加工改装。

（7）检修后要进行必要的检验和试验。

四、压力容器的定期检验

1. 定期检验的意义

压力容器经过长期运行后，会出现下列情况：

（1）长期频繁地加压减压，或出现大幅度的压力波动，会使材料中有缺陷的地方或应力集中的部位产生疲劳裂纹。

（2）由于设计不合理（如强度不够、应力大）或操作不当、超载运行等原因，使材料产生塑性变形。

（3）容器内的很多工作介质是有腐蚀性的，材料受到各种腐蚀，使壁厚减薄（局部或均匀减薄），甚至导致材料的物理性能变化、机械性能下降，以致不能承受规定的工作压力。

（4）制成的容器可能由于材质或制造过程中的微小缺陷而在产品检验中未被发现，但会在使用中逐渐扩大。

（5）长期处于高温高压下工作，使材料产生蠕变。

（6）由于结构材料焊接工艺不当或焊接质量低劣，造成焊缝附近的材料应力过大或晶格变粗，因此产生裂纹。

定期检验是在压力容器使用过程中，根据它的使用条件，每隔一定期限对它进行一次全面的技术检查，包括必要的试验，以便及早发现缺陷，采取措施，防止重大事故发生。

2. 定期检验的周期

压力容器的定期检验一般可分为外部检查、内外部检验和全面检验三种。检验是在容器停用期内进行的，其周期应根据容器的技术状况、使用条件和有关规定由使用单位结合具体情况自行确定。但每年至少进行一次外部检查，每 3 年至少进行一次内外部检验，每 6 年至少进行一次全面检验。

遇到下列情况时，定期检验间隔期应缩短：

（1）装有强烈腐蚀介质和运行中发现有严重缺陷时，每年至少进行一次内部检验。

（2）无法进行内部检验时，每 3 年进行一次耐压试验。

（3）使用期达 15 年后，每 2 年至少进行一次内外部检验；使用期达 20 年后，每年至少进行一次内外部检验，并据以确定全面检验的时间或能否继续使用。

（4）介质对容器材料的腐蚀情况不明，材料焊接性能差或制造时曾多次产生裂纹者，一般要求投产使用 1 年就应立即进行内部检验。对外部有保温层的压力容器进行全面检验时，应根据缺陷情况拆除保温层。

3. 外部检查内容

外部检查内容包括：

（1）容器外表面有无腐蚀现象，铭牌是否完好。

（2）容器本体、接口部位、受压元件、焊接接头等有无裂纹、过热、变形、泄漏等不正常现象。

（3）容器的保温层、防腐层有无破损、脱落、潮湿、跑冷现象。

（4）检漏孔、信号孔有无漏液、漏气；检漏管是否畅通。

（5）与压力容器相邻的管道和构件有无异常振动、响声及互相摩擦现象。

（6）安全附件是否齐全、灵敏、可靠。

（7）紧固螺栓是否完好；基础有无下沉、倾斜、开裂；支承及支座有无损坏。

（8）排放（疏水、排污）装置是否畅通正常。

4. 内外部检验内容

内外部检验内容包括：

（1）外部检查的全部内容。

（2）进行结构检验。应重点检验下列各部位是否完好：筒体与封头的连接；方形孔、人孔、检查孔及其补强；角接、搭接以及布置不合理的焊缝；封头（端盖）；支座及支承；法兰盘；排污口。

（3）所有焊缝、封头过渡区或其他应力集中部位有无断裂或裂纹。对所怀疑的部位进行表面检查，如发现裂纹，应采用超声波或射线进一步抽查，抽查长度不小于焊缝总长的20%。

（4）有衬里的容器，其衬里是否有凸起、开裂及其他损坏现象，如发现衬里有上述缺陷而可能影响容器本体时，应将该处衬里部分或全部拆除，并检查容器壳体有无腐蚀或裂纹。

（5）通过检查，如发现容器内外表面有腐蚀等现象，应对怀疑部位进行多处壁厚测定，测得的壁厚如小于所规定的最小壁厚，应重新进行强度核算，并提出可否继续使用的意见和许用工作压力。

（6）容器内壁因受温度、压力、介质腐蚀作用，怀疑金属材料的金相组织有可能被破坏时（如脱碳、应力腐蚀、晶间腐蚀、疲劳裂纹等），则应进行金相检验和表面硬度测定，并做出检验报告。

（7）对高压、超高压容器的主要紧固螺栓应逐个进行外形检查（螺纹、圆角过渡部位、长度等），并用磁粉或着色探伤检查有无裂纹。

5. 全面检验内容

全面检验内容包括：

（1）包括上述外部检查和内外部检验的全部内容。

（2）对主要焊缝进行无损探伤抽查，抽查长度不小于该焊缝长度的20%。对高压、超高压的反应容器应进行100%超声波探伤，必要时还需表面探伤。

（3）对设计压力小于0.29 MPa，且工作压力小于490 MPa，其工作介质为非易燃或无毒的容器，如采用10倍以上放大镜检查或表面探伤，没有发现缺陷时，可不做射线或超声波探伤抽查。

(4) 容器内外部检验合格后，按规定进行耐压试验。

6. 定期检验的方法

压力容器的定期检验可分为破坏性检验和非破坏性检验两大类，采用何种方法要根据生产情况、技术要求和有关标准确定。

7. 耐压试验和气密性试验

(1) 耐压试验。耐压试验是指压力容器停机检验时所进行的超过最高工作压力的液压试验。

有下列情况之一的压力容器，内外部检验合格后必须进行耐压试验：

1) 用焊接方法修理或更换主要受压元件的。

2) 改变使用条件且超过原设计参数的。

3) 更换衬里在重新换上衬里前。

4) 停止使用2年重新启用的。

5) 新安装的或移装的。

6) 无法进行内部检验的。

7) 使用单位对压力容器的安全性能有所怀疑的。

(2) 气密性试验。有的容器不能进行水压试验，一般由气密性试验代替。例如，容积特大的容器，容器基础不能承受容器充水后的总重量，不宜充水的容器（如隔热层衬里容器等）。

第五节 操作安全技术

生产操作过程中的安全问题，不同的装置有不同的特点和要求，但是在不同的装置之间具有普遍性的安全规律。

一、安全操作总原则

1. 关键的、易出差错的操作，事前要有重复确认，或者两人确认，事后要有跟踪。

2. 难度大的、危险性大的操作，要编有专门的操作法，专门训练人员，专题实操、模拟与理论考试，有经验积累记录、原始数据记录和状态分析。

3. 在紧急状态下实施的操作，要经常演练，做到熟练操作，懂得应对可能出现的情况。

4. 常规操作，清楚操作的目的、原理、后果和应对措施。

5. 班前、班后交接班，要交接安全事项并做记录。

二、阀门操作注意事项

1. 认真确认所要开启或关闭的阀门。如应开 A 放空阀，结果错开了 B 放空阀，会造成 B 放空阀所在系统低压联锁跳车。

2. 把握好阀门开度及开阀速度。如蒸汽线阀门要慢开，先进行管线预热、疏水，防止水击；开启火炬线排空阀门，过急易冲击火炬线，或者带液造成火炬下火雨，若有大量烃类排放，甚至会造成水封结冰。

3. 注意不能漏开阀门。在非正常状态下，如果高压系统向低压系统窜压，低压系统放空阀要打开，否则低压系统憋压会引发爆破片爆破，安全阀动作；安全阀前的截止阀保持常开。

4. 注意关阀时间。如蒸汽伴热管线阀门关闭过早，甚至先于被伴热管线阀门，会造成被伴热介质冷凝、冻结、堵塞，或者黏度增大，流动性变差。

5. 注意开关阀顺序。下流程阀门较上流程阀门，应开得先、关得后，防止憋压。

6. 禁动阀门挂禁动牌，铅封或锁在全开、全关位置。

三、阀门切换操作

1. 要有切换许可。

2. 必须进行切换前条件检查。

3. 认真进行切换操作对象的确认。

4. 回想并执行好切换操作法。

5. 切换后，监盘人员和现场人员分别做流程检查。

6. 做好切换记录。

7. 交接班交接切换事项。

8. 接班人员接班后再做检查。

四、加料操作

1. 核准原材料、中间产品，已经检验合格，出具报告。如水含量、氧含量、烃含量等超标，都有可能严重影响安全生产。

2. 回想并执行好加料操作法和应急处理预案。

3. 确认系统当前操作参数，如压力、液位等，检查确认加料操作的条件。

4. 控制加料速度、加料量和搅拌时间。

5. 全程现场监护，全程控制室监控。例如，监控流程、温度、压力、料位等情况。

6. 做好加料记录。

7. 加料操作的其他安全措施：

(1) 紧急事故终止剂加入操作。现场要储备终止剂；定期检查终止剂的压力、质量、数量，以确保符合安全要求；扳手等操作工具，现场要易于取用。

（2）个人防护符合安全要求。例如，穿戴防护服、面罩、手套、眼镜、防毒面具、口罩等。

（3）实行有人操作、有人监护、有现场通信的制度。

（4）不同专业间配合良好，现场操作与中控操作配合良好。

（5）加料完成，现场状态恢复，流程后续跟踪。

五、清堵操作

1. 系统管线、设备有堵塞或不够通畅，要列入交接班内容；清堵完成，也要列入交接班内容。

2. 对于有可能出现的堵塞、曾经出现的堵塞、难以清理的堵塞，以及堵塞会带来的较大危险情况，特别是危险性较大的清堵，在生产操作法或者安全操作规程中，要制定清堵的程序、步骤、方法及安全注意事项。

3. 清堵前要确认内部介质压力、压差、温度、自燃性、毒性等情况，出现不同情况要采取不同的安全措施；要回想清堵操作法和应急处置方法。

4. 采用电加热法清堵，要监控温度，实行温度自动控制，防止温度失控造成高温。如果温度达到介质自燃点，满足空气条件，就会发生爆炸事故。

5. 采用蒸汽伴热法清堵，通常情况下是安全首选。

6. 采用吹通法清堵，要注意系统的承压能力，更不能造成联锁安全阀、爆破片动作。

7. 清堵过程产生的块料，不能进入管线、设备。要采用拆卸取出法清堵。

8. 在高压系统与低压系统分界处堵塞，阀门又不能关严，这时，在低压系统清堵前要打开放空阀，或采取其他泄压措施，防止清通后高压窜至低压，引发低压系统超压。

9. 在清堵过程中，如果涉及人工现场操作，要采取个人防护措施，防止人员高温灼烫、损伤、眼睛中毒，也要注意防止发生火灾事故和大量可燃物泄漏事故。

六、控制室监盘操作安全

1. 监盘人员与外操人员要紧密联系，互相对接生产运行情况。

2. 发现报警、联锁动作、自控启动，通知外操现场确认、处理，采取相应的控制措施。

3. 重点部位，如超温、超压、泄漏、火灾，在 DCS 上要设声音报警装置。

4. 监盘人员要熟练掌握不同情况下的应急操作。例如，超压、超温、超液位的控制，切断物料后的处理。

5. 对于重要数据的输入、易于发生差错的输盘操作以及切换性操作，在控制盘的性能方面要有加限制的防错。

七、巡检操作安全

1. 有明确的巡检路线。

2. 有明确的巡检内容。

3. 按规定时间巡检，挂巡检牌。

4. 当生产情况发生变化，或者出现异常情况时，要增加巡检点、增加巡检内容、缩短巡检时间间隔。

5. 巡检得到的现场运行参数与中控参数相对照，有疑问时要查清原因。

6. 实行机、电、仪、操、管专业，多管齐下巡检，职责明确，紧密联系。

八、工作票操作安全

1. 哪些操作需凭工作票进行，要有明细规定。

2. 开具工作票、审批工作票，要确认安全条件，落实安全措施，做好应急准备。

3. 在操作过程中，首先完成工艺处理，然后交机、电、仪作业，再交工艺操作，要实行一步一确认，一环节一交接。

九、其他

1. 新投用管线，要注意流程是否正确，是否接通。

2. 碱液浓度大、温度高时，要注意防止蒸发结晶造成堵塞。

3. 蒸汽伴热，要按季节气温变化调整开、关伴热管线。

第六节　原料和产品储存安全技术

一、化工产品分类储存之必需

化工产品不同于一般物品，它们具有不同的物理、化学性质。某些化工产品受热、受潮、摩擦、震动、撞击、接触火源、暴晒、接触空气、相互接触时会发生化学变化，会引起燃烧爆炸、灼伤、腐蚀、中毒等灾害事故。因此，在储存保管时，必须在类别上严格限制，并进行必要的监督，以保证安全状态。

二、储存化工产品库房的安全技术要求

应按产品类别不同，采取不同的储存措施。规范要求该隔离的必须进行隔离，要求采取恒温措施的一定要有恒温措施，要求隔离火源的一定要杜绝一切火种和可能产生火花的根源。因此，除了对库房提出基本安全设施要求外，还要满足个别特殊要求的条件。

三、装卸、搬运及储存安全技术要求

对大宗易燃、易爆、有毒的液体产品，应专门修建储藏容器，并要按照国家和有关部门颁发的规范、规定建造相应的储存和安全设施。对分装、整装的化工产品，要符合《危险化学品安全管理条例》要求，有适合产品特点的密闭、防震、防压、防摔等包装措施。搬运、堆放、码放也必须按各产品的不同具体要求进行，避免引起严重后果。

四、露天储存安全技术要求

对装卸中转过程中临时性或永久性的露天存放物质，怕日晒雨淋、虫鸟侵害的，一定要有相应的保护措施，否则不得露天存放。

五、重点安全技术要求

1. 严格进行储存物品分类

危险化学物品的种类划分按国家和有关部门的规定，分为以下10类：

（1）爆炸性物品：国家管理的爆炸物品、不属国家管理的爆炸性化学物品。

（2）氧化剂：无机氧化剂、有机氧化剂。

（3）压缩气体和液化气体：剧毒气体、易燃气体、助燃气体、不燃气体。

（4）自燃物品。

（5）遇水燃烧物品。

（6）易燃液体。

（7）易燃固体。

（8）毒害物品：无机剧毒品、有机剧毒品、无机有毒品、有机有毒品。

（9）腐蚀物品：无机酸、碱性腐蚀物品，有机酸、碱性腐蚀物品。

（10）放射性物品。

2. 必须遵循危险化学物品储运原则

（1）爆炸性物品。必须专库储存、专人保管、专车运输，严禁与起爆药品、器材混储混运。严禁摔、滚、翻、撞和摩擦等野蛮搬运。严格遵守搬运过程有关规定，同时避免在高温场所存放。

（2）氧化剂。除惰性不燃气体外，不得同性质相抵触的物品混存混运。储存过程中应避免摩擦、撞击、日晒、雨淋、漏撒。

（3）压缩气体和液化气体。严禁性质相抵触的（尽管都是瓶装气体或液化气体）混储混运。易燃气体（除惰性气体外）、助燃气体不得与其他物品混储混运。装卸过程中一定要轻装轻卸，避免撞击、抛掷、烘烤等。

（4）自燃物品应单独储存，并与酸类、氧化剂等隔离；存放部位应远离火源及热源，防止撞击、翻滚、倾倒、包装损坏酿成事故。特殊物质如黄磷应浸没于水中，三异丁基铝应防止受潮。

（5）遇水燃烧物品的储存要求是包装严密、仓位干燥、严防雨雪、远离散发酸雾的物品，不与其他类别的危险品混储混运。特殊物质如金属钠应浸没在矿物油中保存。

（6）易燃液体应单独储运，远离火源、热源、氧化剂、氧化性酸类，防止静电危害，库房和与之邻近的电气设备整体防爆等级要符合要求。

(7) 易燃固体的储存应包装完好，轻装轻卸，防止火花、烘烤和部分品种的潮解。

(8) 毒害物品的储存应包装严密完好，单储单运，远离火源、热源、氧化剂、酸类、食品，存放地点应通风良好。

(9) 腐蚀物品。储存腐蚀物品的容器应能适应储存介质的腐蚀性要求，严密不漏。具有氧化性酸类物质应远离有机易燃物品储存。酸类腐蚀品必须与氰化物、H 发泡剂、遇水燃烧品、氧化剂隔离，不得与碱类腐蚀剂混储混运。

(10) 放射性物品。具有放射性的介质储存库房和设施必须有吸收射线的屏蔽层，并按卫生部门的要求建造。储存的包装物必须是外包屏蔽材料制成的容器，必须符合放射防护要求，包装严密，内衬防震材料，严防放射线泄漏污染。

六、库房的安全技术要求

1. 用于储存化工产品的库房，应按其危险程度、类别要求设计、建造，并符合现行的《建筑设计防火规范》《爆炸物品管理规则》《关于爆炸物品管理规则的补充规定（草稿）》，以及其他有关专门规范的规定。不准随意使用不符合条件的库房储存。

2. 应根据化工产品的性质，合理确定换气次数，对易挥发的、有毒的物品仓库，要加强通风，保证空气中的介质浓度符合国家规定。

3. 储存易燃易爆的化工产品库，电气设备的防爆等级应符合相关规范要求，地面应采用不产生火花、容易冲洗且不渗漏的不燃材料砌筑。

4. 应根据化工产品的性质和要求，按规范要求配备相应的灭火设备。严禁与灭火方法相抵触的不同化工产品共用混储。

5. 库房采取相应的措施防止雨、雪、风、沙、鸟、虫、蛇、鼠危害和阳光直射，要远离火源或外来火星等隐患因素，确保储存介质的安全。

6. 重要的、大型的化工产品仓库，应配置自动监测、自动报警和事故照明设备。

7. 库房除必须进行防冻保护的化工产品外，一般不设采暖设施，贵重化工产品要求恒温储藏时，应设空调设备。

8. 储存要求隔离存放的介质时，其隔离层应建造坚固，不渗不透。

9. 对放射性物品、剧毒物品仓库，应根据特殊需要，设置吸收射线的屏蔽层和消除吸收毒物的设施，有足够的安全隔离地带。库房还应设危险标志，并有阻止无关人员接近的设施。

10. 库房内的货架或垛座应坚固，不晃动、不碰撞。架与架之间、垛与垛之间应有 2～3 m 的通道，架或垛距墙及柱的距离应不小于 0.7 m，货架底层或垛座应离地 0.3 m，以便搬运、疏散、通风、防潮和检查。库房有防直击雷和感应雷的装置。

七、包装、搬运及储存

1. 包装

(1) 压缩气体和液化气体的包装。压缩气体和液化气体的盛装钢瓶应定期进行检验，有合格证明。开关应不漏气，安全帽应旋紧，并有防震圈或保护套。

(2) 易燃、易爆、有毒物品的包装。易燃、易爆、有毒的以及不能接触空气的液体产品，应视其蒸汽压、腐蚀性质等情况选用适宜的容器，不论是由金属、塑料、陶瓷、玻璃或是其他材料制成，都要坚固、完好、封盖严密，外包装应根据要求具备防震、防撞、防倾、防压、防水、防辐射热等措施，并有醒目的危险和其他安全标志。

(3) 放射性物品的包装。放射性物品的包装必须由四层组成，即：

1) 内容器：防渗漏、防化学变化。

2) 内衬层：防震动。

3) 外容器：可依放射性质选择，用吸收 α、β、γ 射线和中子流材料制造。

4) 外包层：保护性包装，以便运输，避免挤压破损。

(4) 易燃固体的包装。易燃固体可按照物品物理、化学性质的不同而采用不同的包装：凡是与氧化剂接触能引起燃烧和爆炸的；遇水或受潮而分解、变质的；对火源、热源、摩擦、撞击等非常敏感的；有毒或能散发有毒分子的。可根据不同情况选用金属容器、木箱、织物袋、纸箱纸包、塑料容器等可靠的外包装方式。

2. 搬运

在装卸和搬运化工危险品时，要轻拿轻放，严防震动、撞击、摩擦。

搬运金属包装的易燃易爆液体化工产品时，要使用不产生火花的工具和叉车或其他吊装运输工具。

搬运沸点很低的二硫化碳、乙醚、液化石油气、石油醚、丙酮、甲胺溶液等，宜在夜间和早晨进行。某些遇水分解或易于潮解的物品，雨天不宜搬运。明确要求不能倾斜的物品，搬运时要固定并垂直运输。

易燃易爆物品的搬运车辆要有可靠的防静电接地和阻火设施。

3. 储存

应根据储存物品的特性进行储存，一般应保证储存处阴凉、干燥，无火源、热源，通风良好，阳光不直射，不受水害，并能防止动物进入，分隔可靠，堆放稳固。

互相抵触的物品严格分开储存，如高锰酸钾与甘油、松节油、乙醇及丙酮；氰化钠与盐酸或硝酸盐；过氯酸与乙醇；铝粉与过硫酸铵；氯酸盐与硝酸铵、硫化锑或硫黄；铬酸酐与乙醇、硫酸或硫黄；硝酸与乙酐；硝酸铵与锌粉；硫氰化钡与硝酸钠；硝酸与噻吩或碘化氢；过氧化物与镁、锌或铝粉；氯酚盐、过氯酸盐与硫酸；黄磷、赤磷与硝酸、硝酸盐或氯酸盐；氧化汞与硫黄；镁与磷酸盐；氧与有机物或油类；发烟硝酸与硫化氮；丙酮与过氧化氢；苯与过氯酸；氢气与氯气或氟气；氨与氯气或氯化氢、磺化氢；氯与乙炔或乙烯等一定要分开储存。

金属钠和硝化棉、丙酮和电石、赤磷和电石、乙醇和苯、硫黄和H发泡剂等灭火方法不同的化学危险品不能同库储存。

4. 露天储存

（1）固定的露天堆场，必须符合《建筑设计防火规范》等有关规范的要求。

（2）遇水受潮、暴晒和尘土污染后可能引起爆炸、燃烧、分解变质的物品，不准长期露天存放。

（3）露天堆场应设垛座平台，其离地高度不低于 0.3 m。

（4）堆垛之间应有不少于 3 m 的通道。

（5）堆场四周设有排水明沟或暗沟，并有防护围栏。

（6）为防晒、防雨、防止虫鸟危害，临时堆放的物品应用雨布盖好并固定。

（7）垛台的设置也应遵循互相抵触、灭火方法不同而不能混存混放的原则。

（8）露天堆场应根据物品物理、化学性质，规模，数量等因素，设置半固定的灭火设施和设备。

5. 安全保管规则

（1）化工产品出入库要认真核对验收，严禁错收、错放、错发。

（2）制定各种化工产品的分类、保管制度，严禁混储混运。

（3）包装不符合要求的物品禁止入库，出库后要打扫干净，不允许漏撒物品入库。

（4）对性质不稳定，容易分解、变质，易引起燃烧、爆炸的化学危险品，应定期进行测温、化验和观察。

（5）不准在库房内或露天堆场附近休息、试验、分装、打包和从事其他可能引起火灾的作业。

（6）对火源、热源和电气设备要严格管理。

（7）定期检查报警及灭火、抢救设备的可靠性，及时更换灭火剂。

（8）个别库房和堆场如允许车辆进入或靠近装卸，必须有可靠的阻火器。

（9）易燃易爆物品的称量器具要做好静电接地。

(10) 库房设专人管理，经常开启门窗通风换气，并防止雨、雪、尘土和各种动物进入。室温过高时，要采取降温措施。

(11) 危险货物要有醒目的标志，采用统一的标志图标。装运时应执行国务院和有关部门颁布的《危险化学品安全管理条例》《危险货物运输规则》。储存保管时应执行《爆炸物品管理规则》《关于爆炸物品管理规则的补充规定（草稿)》《化学危险品储存管理暂行办法》《化学易燃物品防火管理规则》等有关条例、规范、规定的要求。

第七节 原料和产品运输安全技术

一、石油化工原料和产品运输方式

石油化工原料和产品运输环节是连接原料基地、生产企业、销售企业、终端用户的纽带和桥梁。按输送方式可分为管道输送及移动装备输送。移动装备输送又可大体分为铁路运输、公路运输、水路船舶运输等。附属装备还包括装卸台（铁路和公路装卸台)、码头、泵房等。因为石油化工原料和产品运输环节面广线长，稍有疏忽就可能酿成事故，所以必须特别注意安全管理和安全技术问题。

二、石油化工原料和产品的标签与安全技术说明书

正如分类中所描述的那样，石油化工原料和产品大都属于危险化学品。在生产、使用及运输这些危险化学品的过程中，其对职工及环境的潜在危害越来越引起人们的关注。在当今科技和产品不断更新的时代，有关石油化工原料和产品的安全储存、运输和使用的问题也日趋尖锐。随着我国加入 WTO 及经济全球化的发展，迫切需要我们保

障石油化工原料和产品的储存、运输和使用安全。

以标签和安全技术说明书的形式进行传播，就是一个很好的途径。国际劳工大会1990年通过的第170号《作业场所安全使用化学品公约》和第177号建议书为建立安全使用化学品国家系统提供了一个基本框架。在储存运输过程中，正确区分和识别所有的石油化工产品（包括无毒害化学品）是至关重要的。中国政府于1995年1月批准了《作业场所安全使用化学品公约》，并成为亚太地区第一个批准这一公约的国家，这是中国政府促进化学品安全生产和使用的一个承诺，并为达到公约各条款的要求而采取了一系列措施。最近，中国政府又先后实施了《安全生产法》《危险化学品安全管理条例》《使用有毒物品作业场所劳动保护条例》《国务院关于特大安全事故行政责任追究的规定》等法令、法规，制定了《编写危险化学品技术说明书标准》（类似信息卡）和《编写危险化学品标签导则》等相应的国家标准，全面实施对危险化学品的安全管理和监督。

为了使人们能在储存运输过程中正确区分和识别以及安全使用所有的石油化工产品，要求生产厂家为生产出厂的石油化工原料和产品设置明显的标签和安全技术说明书，并随石油化工原料和产品运输全过程转移。

标签的内容应包括：

（1）商业名称。

（2）物质特性。

（3）供应企业的名称、地址和电话。

（4）危险标志。

（5）使用此种物质的特殊风险。

（6）安全须知和预防措施。

（7）批号。

（8）应雇主要求对该物质的安全信息做更详细的说明。

标签要求清晰、耐用、大小适当，且易于理解。

安全技术说明书的内容应包括：

（1）该物质的商业名称和化学名称的统一性说明。

（2）供应企业的地址，以便使用者欲知详情时及时联系。

（3）按国家统一的化学品分类方法标注明显的特性，如毒性、刺激性和爆炸性等。

（4）对该物质有关危害的详细说明，包括毒性特点、接触界限、储存条件、禁忌介质等。

（5）安全须知和预防措施，如应具备基本的通风条件，用橡胶手套保护皮肤以避开热源和火源等。

告知工人的权利和义务。

要对在工作中需要接触和使用石油化工原料和产品的工人做出如下承诺：

（1）工人有权从即将发生危险的现场撤离，但必须立即报告上级主管。

（2）工人有权了解所接触的化学品的特性危害及安全措施。

（3）工人有权阅读标签和信息卡，以保证工人自身安全。

为了确保安全，接触化学品的工人也要履行以下几项义务：

（1）工人应当同雇主紧密合作，执行安全操作计划和服从现场安全管理。

（2）工人应遵循工作场所的安全操作规程，严禁违章操作。

（3）工人应努力消除或减少对自身或他人造成的危害。例如，一种物质泄漏时可能对邻近岗位造成危害，应在条件允许时事先通知他人，以减少危害。

第五章 石油化工企业职业健康知识

第一节　职业危害与职业病基础知识

一、职业危害

健康人体对职业性有害因素的作用有一定的抵抗和代偿能力，职业性有害因素作用于人体的强度和时间未超出人体的代偿能力时，仅表现为亚临床的有害作用；当人体不能代偿时，导致功能性或器质性病理改变，出现相应的临床症状，影响劳动能力，该类疾病统称职业病。《职业病防治法》将职业病定义为："企业、事业单位和个体经济组织等用人单位的劳动者在职业活动中，因接触粉尘、放射性物质和其他有毒有害物质等因素而引起的疾病。"从广义上讲，职业病是指作业者在从事职业活动中，因接触职业性有害因素而引起的所有疾病。但从法律角度出发，职业病有其特定的范围，仅指政府部门或立法机构根据生产力发展水平、经济状况、医疗水平等综合因素所规定的法定职业病。我国自1957年首次公布了14种国家法定职业病后，历经扩充和修改，2002年卫生部和劳动保障部颁布了职业病目录，共有10类115种，又于2011年12月31日通过《职业病防治法》修改方案，其职业病危害因素分类目录由国务院卫生行政部门会同国务院安全生产监督管理部门制定、调整并公布。现仍以 2002 年职业病目录为准。

职业安全与卫生关注和研究的重心从工业生产中的有害因素、工人及这些有害因素导致的工人的职业病扩展为所有工作和职业、所有职业人群，职业因素的有害作用所导致的所有心理、生理和病理改变及其机制，无论有无症状的亚临床改变或出现明显临床表现。因此，广义的职业安全卫生要考虑职业性因素和非职业性因素的联合作用，采取综合干预措施，保护和促进职业人群的健康。

工作是人类生存和发展的必需，适宜的、愉快的工作与健康是相辅相成、互相促进的。然而，不良的工作条件会影响劳动者的生活质量，进而危及健康，导致职业性病损和工伤，严重者甚至危及生命。工作条件由三方面组成，即生产工艺过程，是工作的最基本程序，随生产或工作技术、机器设备、使用材料、工具或器具、工艺流程或工作程序变化而改变；工作过程，它涉及针对工作流程的工作组织、器具和设备布局、作业者操作体位、行为和工作方式、劳动强度、智力和体力劳动比例、作业者的心理状况等；工作环境，原先指作业场所环境，包括按工艺过程建立的室内作业环境和周围大气环境，以及户外作业的大自然环境，现在也包括可影响作业者心理状态、导致职业性紧张的“人际环境”。总之，工作条件指的是一个涉及“工艺”“工作”和“环境”的复合体系，职业卫生与职业医学的任务应从该复合体系的三方面同时入手，评价工作条件优劣，探究症结所在，研究干预对策，从而为创造健康、和谐统一的工作条件提供理论依据和具体技术措施。

二、职业病基础知识

从广义上讲，职业病是指作业者在从事生产活动中，因接触职业性危害因素而引起的疾病。但从法律意义上讲，职业病是有一定范围的，仅指由政府部门或立法机构所规定的法定职业病。2002 年职业病目录中法定职业病为 10 大类 115 种。其中，尘肺 13 种、职业性放射性疾病 11 种、职业中毒 56 种、物理因素所致职业病 5 种、生物因素所致职业病 3 种、职业性皮肤病 8 种、职业性眼病 3 种、职业性耳鼻喉口腔疾病 3 种、职业性肿瘤 8 种、其他职业病 5 种。

职业性有害因素可致多种健康损害，可由轻微的健康影响到严重的损害，通称职业病。严重者可造成工伤和职业性疾患，甚至导致伤残或死亡。

1. 尘肺

矽肺；煤工尘肺；石墨尘肺；碳黑尘肺；石棉肺；滑石尘肺；水泥尘肺；云母尘肺；陶工尘肺；铝尘肺；电焊工尘肺；铸工尘肺；根据《尘肺病诊断标准》和《尘肺病理诊断标准》可以诊断的其他尘肺。

2. 职业性放射性疾病

外照射急性放射病；外照射亚急性放射病；外照射慢性放射病；内照射放射病；放射性皮肤疾病；放射性肿瘤；放射性骨损伤；放射性甲状腺疾病；放射性性腺疾病；放射复合伤；根据《职业性放射性疾病诊断标准（总则）》可以诊断的其他放射性损伤。

3. 职业中毒

铅及其化合物中毒（不包括四乙基铅）；汞及其化合物中毒；锰及其化合物中毒；镉及其化合物中毒；铍病；铊及其化合物中毒；钡及其化合物中毒；钒及其化合物中毒；磷及其化合物中毒；砷及其化合物中毒；铀中毒；砷化氢中毒；氯气中毒；二氧化硫中毒；光气中

毒；氨中毒；偏二甲基肼中毒；氮氧化物中毒；一氧化碳中毒；二氧化碳中毒；硫化氢中毒；磷化氢、磷化锌、磷化铝中毒；工业性氟病；氰及腈类化合物中毒；四乙基铅中毒；有机锡中毒；羰基镍中毒；苯中毒；甲苯中毒；二甲苯中毒；正己烷中毒；汽油中毒；一甲胺中毒；有机氟聚合物单体及其热裂解物中毒；二氯乙烷中毒；四氯化碳中毒；氯乙烯中毒；三氯乙烯中毒；氯丙烯中毒；氯丁二烯中毒；苯的氨基及硝基化合物（不包括三硝基甲苯）中毒；三硝基甲苯中毒；甲醇中毒；酚中毒；五氯酚中毒；甲醛中毒；硫酸二甲酯中毒；丙烯酰胺中毒；二甲基甲酰胺中毒；有机磷农药中毒；氨基甲酸酯类农药中毒；杀虫脒中毒；溴甲烷中毒；拟除虫菊酯类农药中毒；根据《职业性中毒性肝病诊断标准与处理原则》可以诊断的职业性中毒性肝病；根据《职业性急性中毒诊断标准及处理原则总则》可以诊断的其他职业性急性中毒。

4. 物理因素所致职业病

中暑；减压病；高原病；航空病；局部振动病。

5. 生物因素所致职业病

炭疽；森林脑炎；布鲁氏杆菌病。

6. 职业性皮肤病

接触性皮炎；光敏性皮炎；电光性皮炎；黑变病；痤疮；溃疡；根据《职业性皮肤病诊断标准及处理原则》可以诊断的其他职业性皮肤病。

7. 职业性眼病

化学性眼部灼伤；电光性眼炎；职业性白内障（含放射性白内障）。

8. 职业性耳鼻喉口腔疾病

噪声聋；铬鼻病；牙酸蚀病。

9. 职业性肿瘤

石棉所致肺癌、皮瘤；苯胺所致膀胱癌；苯所致白血病；氯甲醚所致肺癌；砷所致肺癌、皮肤癌；氯乙烯所致肝血管肉瘤；焦炉工人肺癌；铬酸盐制造业工人肺癌。

10. 其他职业病

金属烟热；职业性哮喘；职业性变态反应性肺泡炎；棉尘病；煤矿井下工人滑囊炎。

第二节　工作场所中常见的职业病危害因素

一、职业危害因素分类

职业危害因素就是生产劳动过程中，存在于作业环境中的、危害劳动者健康的因素。按其来源可分为三类：

1. 生产工艺过程中产生的有害因素

包括原料、半成品、产品、机械设备等产生的工业毒物、粉尘、噪声、振动、高温、辐射及污染性因素等。

（1）化学因素

1）有毒物质，如铅、汞、苯、氯、一氧化碳、有机磷农药等。

2）生产性粉尘，如硅尘、煤尘、石棉尘、有机粉尘等。

（2）物理因素

1）异常气象条件，如高温、高湿、低温。

2）异常气压，如高气压、低气压。

3）噪声、振动。

4）电离辐射，如X射线、γ射线等。

5）非电离辐射，如可见光、紫外线、红外线、射频辐射、微波、激光等。

（3）生物因素。皮毛上可能接触到的炭疽杆菌、甘蔗渣上的真菌、寄生在林木树皮上带有脑炎病毒的壁蚤、医务工作者所接触的生物传染性病原等。

2. 劳动过程中的有害因素

包括作业时间过长、作业强度过大、劳动制度不合理、长时间处于不良体位、个别器官或系统过度紧张、使用不合理的工具等。

（1）工作组织和制度不合理、工作作息制度不合理等。

（2）精神（心理）性职业紧张。

（3）工作强度过大或生产定额不当，如安排的作业或任务与作业者生理状况或体力不相适应等。

（4）个别器官或系统过度紧张，如视力紧张等。

（5）长时间处于不良体位或使用不合理的工具等。

3. 工作环境中的有害因素

包括生产场所设计不符合卫生标准和要求，如露天作业的不良气候条件、厂房狭小、作业场所布局不合理、照明不良等；缺乏有效的卫生技术设施或设施不完备，以及个体防护存在缺陷等。

（1）自然环境中的因素，如炎热季节的太阳辐射、寒冷季节的低温、工作场所的微小气候。

（2）厂房建筑或布局不合理，如有毒工段与无毒工段安排在一个车间。

(3) 工作过程不合理或管理不当所致的环境污染。

在实际工作场所和工作过程中，多种职业有害因素往往同时存在，对作业者的健康产生联合作用。

二、化学工业职业危害因素

1. 不安全因素

化工生产过程中的不安全因素很多，在生产、储运、使用化学品的各个环节中都有发生伤亡事故的可能。

(1) 爆炸事故。有物理性爆炸和化学性爆炸两种。超温、超压、液化气体过量充装、安全阀失灵、设备和容器缺陷等都可引起物理性爆炸；易爆物、许多有机气体、剧烈的化学反应（如突然停水、停电）等都会发生化学性爆炸。

(2) 酸、强碱、腐蚀性物质常易引起化学灼伤和局部刺激。

(3) 机械伤害、触电、坍塌、冒顶、高处坠落、物体打击等事故，在化工企业中也较多发生。

2. 化学毒物

最常见、危害较严重的化学毒物约有900余种。现将几个主要行业的常见毒物介绍如下：

(1) 化肥行业：一氧化碳、硫化氢、氮氧化物、铬酐、甲醇、甲醛、氨、氟化氢等。

(2) 氯碱行业：汞、氯气、铅、烧碱等。

(3) 有机化工原料：苯、萘、蒽醌类、醇类、醛类、酮类等。

(4) 农药行业：黄磷、三氯化磷、硫化氢、光气、氯气、有机磷农药等。

(5) 染料行业：苯的氨基和硝基化合物、氯苯、苯酚、萘、蒽醌类、硫酸、硝酸、各种有机染料等。

（6）橡胶加工：汽油、苯、防老剂、氧化铅等。

（7）有机合成：氯乙烯、氯丁二烯、苯乙烯、丙烯腈、丙烯酰胺、已内酰胺、苯酚、有机氟化合物等。

（8）涂料行业：苯、甲苯、铅、铬、汞、酚、硫化氢等。

（9）溶剂、助剂：环氧乙烷、氯乙烯、氯丙烯、三氯化磷、甲醇、防老剂、促进剂、四乙基铅等。

（10）无机盐、化学试剂：汞盐、铅盐、铬盐、卤素、各种有机试剂和无机试剂等。

3. 生产性粉尘

矽尘（化学矿山、机械制造）、煤尘（化肥、炼焦）、炭黑尘和滑石尘（橡胶）、有机粉尘（染料、有机合成）等。

4. 物理性因素

高温（炼焦、电石、化肥）、噪声（炼油、机械制造、球磨、泵房）、振动（化学矿山、机械制造）、X线和γ线放射性辐射、高频电磁场等。

三、石油开采行业主要职业危害因素

1. 烃类和硫化氢

在石油开采和加工生产过程中，几乎所有地带的空气中均存在烃类和硫化氢。正常生产石油井附近烃类的浓度一般不超过 300 mg/m^3，打捞、刮蜡、量油、输油泵房内作业时可达 600～2 100 mg/m^3。硫化氢引起中毒的主要途径是呼吸道吸入和皮肤接触。空气中硫化氢含量达 0.035 mg/m^3，人即可嗅到。随着浓度的增加臭鸡蛋味增加，但当浓度超过 10 mg/m^3 时，由于嗅觉神经麻痹，臭味反而不易闻到，这正是最危险的时候，往往会出现“闪电式”中毒死亡。

2. 有毒化学制剂

(1) 杀菌剂。在钻井液、压裂液配制和注水中，往往要使用杀菌剂以抑制细菌的繁殖。这类药剂既有强烈的杀菌作用，同时它也对人和哺乳类动物及水生生物有很大的毒性。石油工业中用得较多的杀菌剂有季铵盐类和醛类等。

(2) 胺盐类。它是阳离子型表面活性剂，可以引起急性和慢性中毒，它进入人体的途径主要是皮肤接触或经消化道进入。

(3) 缓蚀剂。缓蚀剂由于使用的场合不同，选用的胺盐有水溶性的、油分散性的，也有挥发性较强的。有的缓蚀剂成分很复杂，为了提高缓蚀剂效果，有的还配有表面活性剂。关于缓蚀剂进入人体的途径、防护与季铵盐类的情形相同。

(4) 高分子化合物。在钻井液用的泥浆材料中应用高分子化合物品种不少，但比较典型的化合物主要有聚丙烯酰胺系列，一般来说，这种聚合物属于低毒性物质。

3. 粉尘

钻井施工过程中，产生粉尘侵害人体的作业主要表现在三个方面：一是配制钻井液时，各种粉状泥浆材料破袋加入混合漏斗时，抖袋产生大量粉尘；二是下钻过程中，刹带片与刹车鼓长时间摩擦，使刹带片表面的石棉脱落，以粉尘形式散布在空气中；三是固井时，下灰过程中有一定量的水泥泄漏，产生水泥粉尘。

4. 放射物

在物探、测井、钻井等生产过程中均会使用放射源，放射性物质进入人体的可能途径有三种：直接呼吸被放射性物质污染的空气，通过系统进入体内；被放射性物质污染的食品和水，通过消化道进入体内；由皮肤或伤口，经血液循环系统进入体内。

5. 高温、低温

高温作业主要包括高温、强热辐射作业，高温、高湿作业和夏季高温露天作业三种类型。高温作业下，人体可出现一系列生理功能的改变，主要表现为体温调节、水盐代谢、血液循环、消化、泌尿、神经系统等方面的改变。这些改变的结果超过一定限度就会引起中暑。长期在寒冷地区低温环境下进行作业，称为低温作业。寒冷低温作业易造成人体的冷伤，冷伤可分为全身性冷伤和局部性冷伤两类。体温过低即属全身性冷伤，短时间内暴露于极低温度下或长时间暴露于冰点以下的冷伤，也叫冻伤。井队职工因长期在野外工作，冬季作业易造成冻伤，所以应做好相应的预防工作。

6. 工业噪声

物探、钻井、采油、转油、气体净化等过程均会产生噪声，应加强对作业现场员工的防护，佩戴防噪声耳塞。

四、石油加工行业主要职业危害因素

1. 化学因素

炼油生产中可存在种类繁多的化合物，包括烃类、硫化物、四乙铅、酮类、酚类、酯类，以及一氧化碳、氮氧化物、酸、碱、氨等。

原料中存在的职业危害因素主要有苯、甲苯、二甲苯、正己烷、甲烷、汽油等。正常生产条件下，这些有毒物质主要来自设备、阀门及管道等由于密闭不良而造成的外泄处。在异常情况下，如罐、塔、器、槽车、阀门、管道损坏及检修，或清洗罐、塔、器、槽车以及发生其他意外事故时，上述有毒物质浓度增高。

常减压蒸馏、加氢精制、加氢裂化、延迟焦化等过程中，可产生硫化氢，发生眼炎和急性中毒。

四乙铅中加入二氯乙烷、二溴乙烷或氯萘等配成乙基液，用做燃烧汽油抗震添加剂。此外，燃烧含硫燃料的加热炉、锅炉的烟气中可含有二氧化硫、一氧化碳和氮氧化物。在催化裂化、延迟焦化过程中，可产生气体烃。

此外，检验过程中进行电焊作业时产生锰，开机前置换装置内空气所用的氮气等。

职业危害因素产生部位一览表见表5—1。

表5—1　　职业危害因素产生部位一览表

种类性质	名称	产生部位
毒物	苯	精馏塔、储罐、槽车、卸车及管道阀门、酮苯脱蜡等
	甲苯	精馏塔、储罐、槽车、卸车及管道阀门等
	二甲苯	精馏塔、储罐、槽车、卸车及管道阀门等
	正已烷	精馏塔、储罐、槽车、卸车及管道阀门等
	甲烷	精馏塔、储罐、槽车、卸车及管道阀门、瓦斯放空等
	汽油	精馏塔、储罐、槽车、泵房、卸车及管道阀门等
	硫化氢	常减压蒸馏、加氢精制、加氢裂化、延迟焦化等
	氮	开机前置换空气
	锰	电焊作业
物理因素	噪声	各类泵、空气压缩机、空冷器、排污阀、放空阀等
	高温	精馏塔及管道、热泵房等
	紫外线	电焊机

2. 物理因素

本项目生产过程中的有害物理因素主要为噪声、高温及电焊作业时产生的紫外线等。

第三节 职业病预防

一、职业性有害因素与职业病

在生产环境和劳动过程中存在的对人体有害的因素，如有毒化学物质生产性粉尘有害物理因素或生物因素等，统称为职业性有害因素，也叫职业危害因素。在一定条件下，由职业性有害因素直接作用于人体所引起的疾病被称为职业病。职业性有害因素种类较多，所引起的疾病各异，因此职业病是许多疾病的总称。按照国际惯例，凡经各国政府主管部门明文规定的职业病，称为法定职业病。法定职业病患者依法享有补偿待遇。法定职业病的范围大小各国不同，主要取决于本国经济条件、技术水平和对职业病的认识。法定职业病的诊断权由国家认定的医疗卫生机构行使。

二、职业病预防原则与基本措施

职业病的预防遵循三级预防原则。一级预防，从根本上着手，使劳动者尽可能不接触职业性有害因素，或控制作业场所有害因素水平在卫生标准允许限度内；二级预防，对作业工人实施健康监护，早期发现职业损害，及时处理，有效治疗，防止病情进一步发展；三级预防，对职业病患者积极治疗，促进健康。各级预防的关系是突出一级预防，加强二级预防，做好三级预防。落实各级预防的基本措施，有效实施劳动卫生监督，包括预防性和经常性卫生监督。新建、扩建、改建工程项目的卫生防护设施与主体工程的“三同时”验收是其重要内容。降低有害因素浓（强）度，常见的卫生技术措施包括从工艺上改进、防止有害因素逸散、推广运用低毒无毒的材料或工艺技术、配置个人防护用品、通风防尘等。职业健康筛检，现行常规措施包括就业上岗前职业性体检、定期职业性体检和离退休职业性定检。

第四节　职业健康安全管理和监护

一、职业病的管理

职业病管理已由传统的行政管理、经验管理转向依法监督管理。各级政府卫生行政部门是管理主体，它依据有关职业卫生法规的授权，对公民、法人和其他组织遵守劳动卫生法规的情况进行督促检查，对违反职业卫生法规、危害劳动者健康的行为追究法律责任。

现行的职业卫生专门法律法规与相关法律法规主要有四类：一是国家法律，如《职业病防治法》(2011 年修订)、《中华人民共和国劳动法》；二是国务院颁布的行政法规和规范性文件，如防尘防毒、女工劳动保护条例、决定或规定等；三是国务院卫生行政部门或有关部门单独颁发或联合颁发的部门规章，如劳动卫生标准、职业病诊断标准、健康监护管理办法、职业病管理办法等；四是各省人大或省级人民政府颁布的地方性法规或行政规章，如《四川省工业企业劳动卫生管理条例》等。在职业病报告管理方面，有卫生监督统计报告、重大职业中毒事故紧急报告等制度，职业病范围及职业病患者的处理办法；此外，还有职业病范围规定、统计报告管理体系、职业病患者待遇规定等。

随着科学技术的不断发展，人们对职业病的认识也更加深入，因此职业病的范围也在不断扩展。

二、职业禁忌证

职业禁忌是指劳动者从事特定职业或者接触特定职业病危害因素

时，比一般职业人群更易于遭受职业病危害和罹患职业病或者可能导致原有自身疾病病情加重，或者在从事作业过程中诱发可能导致对生命健康构成危险的疾病的个人特殊生理或者病理状态。如精神疾病患者不宜从事锰作业，患有慢性呼吸系统疾病者不宜从事粉尘作业。劳动者在参加工作（上岗）前应进行健康检查，以确定有无该工种的职业禁忌证，是否适合该工种工作。在工作岗位变动或长期病假复工前，也应进行健康筛检。从事某项工作后，每隔一段时间进行体检，与上岗前体检资料做比较，以评价有无职业危害和损伤发生。对有职业禁忌证的劳动者，应按规定处理；对在岗职工，一旦发现职业禁忌证，应及时调离，改做其他工作。

为配合职工工伤与职业病保险与赔偿法规的实施，我国于 2006 年颁布了《劳动能力鉴定　职工工伤与职业病致残等级》（GB/T 16180—2006)，该标准用来规范有关授权机构对劳动者在职业活动中因工伤或患职业病后，在国家社会保险法规所规定的医疗期满时，通过医学检查对伤残失能程度的判定。根据该标准规定，申请致残程度鉴定须服从两个规定，一是须先获得工伤、职业病认定书。受工伤者须由当地社会保险行政部门出具证明，职业病须由经卫生行政部门批准具有职业病诊断权的医疗卫生机构出具证明。二是致残程度鉴定权由有关授权机构行使，即由授权机构做出的判定结论才有效。致残程度主要依据器官损伤、功能障碍及其对医疗与护理的依赖程度，并考虑由于伤残引起的社会心理因素影响进行综合判定分级。伤残等级分为十级，一级最重，十级最轻。

三、职业健康危害因素的控制与预防

职业健康危害因素控制措施的制定应从两个方面着手。首先是从

硬件方面着手，尽量用无污染、无危害的原料替代有害原料，从根本上实现本质安全；或者从基础设施、生产工艺、生产设备上进行改进，实现生产过程危害物质的有效控制，降低生产过程职业危害因素对人的影响。其次是从软件方面着手，加强职业卫生法律法规的学习与宣传教育，全面提升员工的整体素质和职业健康意识，同时注意配备完善的职业健康防护设施及个人防护器具，加强生产过程中的职业危害监测，用间接的方法实现职业危害因素的控制与预防。

1. 硬件控制措施

（1）采取积极的预防控制措施，减少职业危害。控制职业病危害，应优先考虑从源头进行治理，主动进行工艺改进，淘汰落后及污染严重的生产工艺，用无害或低害生产原料替代现有原料，实现生产过程的本质安全。

（2）加强职业健康防护设施建设，注意生产场所通风、排毒除尘。通风方式首选自然通风，其次考虑机械通风。在自然通风较差及封闭、半封闭结构的场所，必须有良好的机械通风。

（3）加强重点区域、关键装置、有害部位毒物和危害因素的监督管理，经常对设备进行检修，杜绝跑、冒、滴、漏现象的发生。同时，对厂区和车间有害物质浓度进行经常性监测。关键生产作业场所安装有害物质自动监测报警系统，当出现紧急情况时，以便及时撤离现场和采取相应措施。

（4）做好对建设项目职业病危害预评价和控制效果评价，对产生严重职业病危害的建设项目应提出适宜、有效的预防控制措施，实施职业危害项目的计划管理。

（5）落实职业病危害防护设施与主体工程同时设计、同时施工、同时投入使用的“三同时”原则。充分发挥科研设计部门在职业危害预防工作中的专业功能，凡新建、扩建的建设项目，建设单位应委托有资质的设计部门进行设计，编写可行性研究报告，报告经管理部门（环境保护、消防、安全、卫生）评价、认可、批复后，才能进行初步设计与施工设计。

（6）建设项目、改扩建项目职业卫生防护设施的设计，在可行性研究和初步设计阶段必须编制完善的“职业卫生专篇”。要求建设项目专业设计人员除掌握石化生产工艺设计等基础知识之外，还应掌握与职业病危害控制密切相关的通风、空气调节、制冷、热能工程、给水排水、室内环境等设计知识。从根本上解决可行性设计中设计人员对职业卫生设计分工不明确、概念不清、一带而过的现象。

2. 软件控制措施

（1）加强企业决策层职业健康法律法规的学习，提高决策层对职业健康与创建和谐社会重要性的认识。各级领导要认真贯彻落实《职业病防治法》和各项劳动保护法规，决策层牢固树立安全生产观念是杜绝和减少各种职业危害事故的关键。

（2）加强员工职业健康法律法规的学习，提高全员职业健康意识。企业要结合生产实际、工作场合特点，对员工进行职业健康教育，使员工了解工作环境中存在的职业危害因素、预防控制措施，以及突发职业危害事件时应采取的处理方法，如报警、佩戴好防毒面具、抢救与自救、通风防护与抢险等，全面提高员工处理紧急事件的能力。

（3）加强对新职工、见习生、外来人员（农民合同工、临时工、外来施工人员）的管理。经常对他们进行作业场所职业健康危害因素防范教育，使其了解并掌握工作场所毒物的种类、毒性以及防范措施。

(4) 建立健全应急救援组织和网络，配备完善的应急物资和器材，定期组织突发职业中毒事故应急演练，不断完善应急预案，使各级应急救援人员熟练掌握应急救护中的“三级”救护（自救与互救、现场急救、途中救护和医院救护）。

(5) 注意对职业危害从业人员进行定期体检，建立健全职业健康档案，了解从业人员的职业健康状况，及时发现并解决问题。对因身体原因不能从事现任工作的员工要及时进行岗位调换，预防和控制职业病的发生，降低职业病发病率。

四、职业病的管理与监护

在国家标准《学科分类与代码》(GB/T 13745—2009) 中，安全科学技术为一级学科，原来的二级学科职业卫生工程修改为安全卫生工程技术，其学科体系包括：防毒工程技术、防尘工程技术、通风与空调工程、噪声与振动控制、辐射防护技术、个体防护工程、安全卫生工程技术其他学科。

石油化工生产的特点是高温高压、易燃易爆、有毒有害、连续作业，存在的职业病危害点多面广。安全卫生工程技术的6个分支学科在预防、控制和消除职业病危害，保护员工健康方面都发挥着重要作用。

1. 防毒工程

石油化工行业在油气勘探、石油炼制、化工原料生产、合成树脂、合成纤维、合成橡胶、化肥生产等过程中都存在着种类繁多的有毒有害物质，而且很多是高毒物品，如硫化氢、氯气、苯、氨、一氧化碳等，因此防毒工作始终是石油化工行业职业病防治工作的重中之重。防毒工程措施主要包括以下内容：

（1）生产装置尽量实现自动化、机械化、密闭化、露天化。

（2）加强设备管理，杜绝跑、冒、滴、漏。

（3）在控制室、操作室、化验室等人员长期停留的场所采取通风与空调措施，保证室内空气有毒物质浓度符合卫生限值要求。

（4）利用通风措施排出厂房内的有毒物质。

（5）在可能泄漏高毒物质的场所设置有毒气体报警器。

（6）采取密闭循环采样代替敞开取样、自动切水代替人工切水、机泵加料代替人工加料等措施，避免工人直接接触有毒物质。

（7）易挥发物料储罐采用内浮顶罐、设置氮封，装车采用油气回收技术。

（8）污水处理场密闭化，避免污水中的有毒物质挥发至作业环境中。

（9）设置事故通风、事故淋浴洗眼器等应急防毒设施。

2. 防尘工程

在石油化工行业中，打油钻井、输油（气）管道铺设、石油机械加工、采油用聚合物的生产和使用、催化剂的生产和使用、合成树脂、合成纤维、合成尿素、燃煤（石油焦）电厂、煤（石油焦）制气等装置内存在不同程度的粉尘危害。

随着生产工艺技术和设备自动化、密闭化程度的提高，以及湿式作业、通风除尘等粉尘控制措施的采用，总体上石油化工企业粉尘危害已得到了较好的控制，但部分生产过程粉尘危害仍应引起足够的重视，主要包括以下内容：

（1）石油化工企业自备电厂或煤（石油焦）制气装置的煤尘、炉渣尘、石灰石粉等。

（2）尿素造粒后至包装前输送过程中的尿素粉尘。

（3）输油（气）管道铺设、石油机械加工过程中的电焊烟尘。

（4）炼油化工过程中使用的催化剂及其他各种粉状助剂，在生产和使用过程中产生的粉尘。

3. 通风与空调工程

在石油化工行业中，通风与空调工程一是实现工作场所防尘和防毒的重要手段；二是给生产过程或设备的可靠运行提供环境温度、湿度、洁净度等方面的保障。

采用通风的方法改善室内空气环境，就是在局部地点或整个车间把不符合卫生标准的污浊空气排至室外，把新鲜空气或经过净化符合卫生要求的空气送入室内的过程。

按照通风动力的不同，通风可分为自然通风和机械通风。石油化工生产装置大多露天布置，自然通风良好，只是在一些厂房和分析化验室使用机械通风。按照通风系统作用范围的不同，通风可分为全面通风和局部通风。全面通风可以利用自然通风来实现，也可以借助机械通风来实现。局部通风系统由排风罩、风道、净化器或除尘器、风机和排气筒组成。在石化装置中主要用于分析化验室、粉料的包装和使用、输煤（石油焦）等过程尘毒产生源的控制。

4. 噪声与振动控制

石油化工生产过程中产生噪声的设备种类多、数量大、噪声值高，噪声危害是石油化工企业主要的职业病危害因素之一。石油化工企业存在的噪声类型有：由于气体压力突变产生的气流噪声，如压缩空气、高压蒸汽放空、加热炉等；由于机械摩擦、振动、撞击或高速旋转产生的机械性噪声，如球磨机、原油泵、粉碎机、机械性传送带等；由于磁场交变、脉动引起电气元件振动而产生的电磁噪声，如变压器。石油化工噪声控制工作参照的规范主要是《石油化工噪声控制设计规范》（SH/T 3146—2004）。目前，石化装置采取的防噪声工程措施主要包括以下内容：

（1）优化管路设计。减少由于气流管径或方向发生变化而产生的动力性噪声。

（2）选用低噪声设备。

（3）高噪声设备安装时设置减振降噪基础，并加装隔声罩、隔声屏障。

（4）高噪声设备设单独厂房，厂房墙壁和吊顶使用吸声材料。

（5）设置隔声操作间，减少工人接触高噪声的时间。

（6）对高噪声气体放空口和高噪声压缩机/风机进出口加装消声器。

（7）对高噪声管道使用隔声材料进行隔声包扎。

5. 辐射防护技术

辐射分为电离辐射和非电离辐射两方面。在石油化工行业中，承压设备的探伤、料位控制、液位测量、密度测定、物料剂量、化学成分分析等都广泛地应用了放射技术。外照射防护原则主要包括以下内容：

（1）距离防护。射线量与距离的平方成反比。

（2）时间防护。熟悉有关操作规程，尽量缩短接触射线的时间。

（3）屏蔽防护。放射源要用铅罐、铅箱、铅板防护；放射工作人员要穿戴铅衣、铅围裙、铅围脖、铅眼镜，在现场要充分利用塔、罐进行掩护。

（4）个人剂量限制。工作人员工作时要携带个人剂量笔，5 年内平均剂量不允许超过 20 mSv，任何一年不允许超过 50 mSv。

非电离辐射方面，石油化工行业危害较为严重的是电焊时的紫外线辐射。电焊工在进行电焊时会接触到较大量的紫外线辐射，尤其是在装置大修期间，一般工作时间长达 12 h，且往往连续 10～15 天。

电焊弧光的防护措施包括以下内容：

（1）尽可能把手工焊接改为自动化机器焊接。

（2）正确使用个人防护用品。

（3）设置防护屏障。

6. 个体防护工程

个体防护工程是以实现个体防护为目的，对个人防护用品和装备进行研究、设计、制造、检验、经营、选用、报废及对有关人员进行教育培训等一系列活动的综合技术系统。个人防护用品一般分为七大类，即头部防护类、呼吸器官防护类、防护服类、听觉器官防护类、眼面防护类、手足防护类、防坠落类。上述七类防护用品在石油化工行业使用都很普遍。石油化工企业进行防护用品选用和管理的依据主要有：《个体防护装备选用规范》（GB/T 11651—2008）、《中国石化个体防护用品管理规定》（石化股份安［2009］472 号）。目前，石油化工企业在个体防护工程上应该加强以下几个方面的工作：

（1）为各岗位人员正确选用防护用品，并根据岗位存在的危害因素结合国家和企业要求，不要漏选或错选防护用品。

（2）对所有岗位人员进行严格的使用培训，同时确保各岗位人员严格佩戴。

（3）结合国家要求和企业生产实际及时进行防护用品维护保养和更换。

（4）高度重视化验采样，检、维修，进入受限空间作业时的个体防护。

在以上几种情况下，作业人员接触危害因素的风险陡增，个体防护的作用变得尤为重要。

第六章 事故应急救援知识

第一节 事故应急管理

应急管理是对重大事故的全过程管理，贯穿于事故发生前、中、后的各个过程，充分体现了“预防为主，常备不懈”的应急思想。尽管重大事故的发生具有突发性和偶然性，但重大事故的应急管理不止限于事故发生后的应急救援行动。应急管理是一个动态的过程，包括预防与应急准备、监测与预警、应急处置与救援以及事后恢复与重建四个阶段。尽管在实际情况中这些阶段往往是交叉的，但每一阶段都有自己明确的目标，而且每一阶段又是构筑在前一阶段的基础之上。因此，预防与应急准备、监测与预警、应急处置与救援以及事后恢复与重建的相互关联，构成了重大事故应急管理的循环过程。

事故应急预案是应急管理的核心，是控制重大事故损失的有效手段。工业化国家统计表明，有效的应急预案可以大幅度降低事故损失。事故应急预案应覆盖事故的预防与应急准备、监测与预警、应急处置与救援、事后恢复与重建四个阶段。在评估特定对象或环境风险，事故形式、过程和严重程度的基础上，为事故应急机构、人员、设备与技术等预先做出了科学而有效的计划，因此，制定事故应急预案意义重大。

一、预防与应急准备

在应急管理中预防有两层含义：一是事故的预防工作，即通过安全管理和安全技术等手段来尽可能地防止事故发生，实现本质安全；二是在假定事故必然发生的前提下，通过预先采取的预防措施来达到降低或减缓事故的影响或后果严重程度，如加大建筑物的安全距离、企业选址的安全规划、减少危险物品的存量、设置防护墙以及开展公众教育等。从长远来看，低成本、高效率的预防措施是减少事故损失的关键。

应急准备是应急管理过程中一个极其关键的过程，它是针对可能发生的事故，为迅速、有效地开展应急行动而预先所做的各种准备，包括应急体系的建立、有关部门和人员职责的落实、应急预案的编制、应急队伍的建设、应急设备（施）及物资的准备和维护、预案的演习与外部应急力量的衔接等。其目的是保持重大事故应急救援所需的应急能力。在《生产经营单位安全生产事故应急预案编制导则》（AQ/T 9002—2006）标准中主要描述的是针对可能发生的事故，为迅速、有序地开展应急行动而预先进行的组织准备和应急保障。重点强调当应急事件发生时能够提供足够的各种资源和能力保证，满足应急救援需求。而且这种准备需要不断地维护和完善，使应急准备的各项措施时时处于待用状态，进行动态管理，以适应不断变化的风险和应急事件发生时的需求。例如，有的企业在做应急资源配置时花费了较多的精力和金钱，配置了消防沙箱和铁锹、消防桶等，但不进行经常性维护，现场常常看到沙箱还在，消防桶由于日晒雨淋，桶底被腐蚀掉了，铁锹也挪作他用而不知去向，应急设备常常没有处于应急状态。

二、监测与预警

企业应当建立健全事故监测与预警制度，提供必要的设备、设施，配备专职或者兼职人员，对可能发生的突发事件进行监测，通过多种途径收集突发事件信息。组织相关部门、专业技术人员、专家学者进行会商，对发生突发事件的可能性及其可能造成的影响进行评估；认为可能发生重大或者特别重大突发事件的，或在获悉突发事件信息后，及时、客观、真实地向所在地人民政府、有关主管部门或者指定的专业机构报告，向消防机构和可能受到危害的毗邻或者相关地区的人民政府通报。不得迟报、谎报、瞒报、漏报。

根据《突发事件应对法》，可以预警的自然灾害、事故灾难和公共卫生事件的预警级别，按照突发事件发生的紧急程度、发展势态和可能造成的危害程度分为一级、二级、三级和四级，分别用红色、橙色、黄色和蓝色标示，一级为最高级别。

三、应急处置与救援

应急处置与救援是在事故发生后，针对事故的性质、特点和危害立即组织人员采取的应急与救援行动。包括组织营救和救治受害人员，紧急疏散并妥善安置受到威胁的人员，以及采取其他救助措施；控制危险源，封锁危险场所，划定警戒区，以及采取其他控制措施；禁止或者限制使用有关设备、设施，关闭或者限制使用有关场所；启用或调用设置的应急预备资金和储备的应急救援物资；采取消防和工程抢险措施等保障措施；组织有关人员参加应急救援和处置工作，要求具有特定专长的人员提供服务；采取防止发生次生、衍生事件的必要措施；信息收集与应急决策和外部求援等。其目标是尽可能地抢救受害人员，保护可能受到威胁的人群，同时尽可能控制并消除事故。应急响应也可划分为两个阶段，即初级响应和扩大应急。

初级响应应在事故初期，主要是在现场开展。重点是减轻紧急情况与灾害的不利影响，企业或部门应用自己的救援力量，使最初的事故得到有效控制。但如果事故的规模和性质超出本单位的应急能力，则应请求增援和提高应急响应级别，进入扩大应急救援活动阶段。随着事态进展的严重程度，需要扩大应急的级别也在不断提高，不同的级别主要是反映应急事件发展、扩大的范围和严重程度，可以由县级、市级到省级，甚至启动国家级应急力量和资源，以便最终控制事故。

这里包括建立统一指挥机制、必要的通知到相应的部门及人员、界定是否需要紧急疏散或救援、最初的评估与检测、限制不必要的人员和车辆进入、是否需要更多的协作、制定并实施事故救援行动方案等措施。扩大应急行动可在现场或在一些指挥中心进行，扩大应急行动的范围应包括尽可能多的应急救援的部门、单位，如市政的消防、安全、医疗卫生、特种设备管理、公安、交通等，以及其他部门的设备和资源的调配与协调。在指挥中心的指挥领导下，必须以最大限度地支持现场人员救灾为主要目标。

扩大应急阶段，每个不同层次的人员应按照标准应急管理系统原则与要求，在指挥中心的领导下履行不同的职责，分工互助协作十分重要。

企业在进行应急工作部署和应急预案编制时，应把重点放在初级响应方面，强调企业的最初救援和处理险情的能力，以防止事故的扩大。一旦出现险情扩大，企业应积极配合和服从上一级应急指挥系统的领导，强调的是沟通和合作。一般来说，扩大应急的范围还应包括：详细评估损害情况、启动保护群众的设施、获取维持和控制更多所需要的资源、记录形势状况并建档、恢复和提供重要的服务（如财务、能源等）、适时发布紧急公众信息和进行机构间的协调等。

四、事后恢复与重建

恢复与重建工作应在事故发生后立即进行，它首先使事故影响区域恢复到相对安全的基本状态，然后逐步恢复到正常状态。需要立即进行的恢复工作包括事故损失评估、原因调查、清理废墟等。在短期恢复中应注意的是避免出现新的紧急情况；长期恢复包括厂区重建以及受影响区域的重新规划和发展。在长期恢复工作中，应汲取事故和应急救援的经验教训，制定改进措施，以便进一步开展预防工作和减灾行动。长期恢复包括公众服务功能与受害区域基本设施，如水、电、通信、交通等。对于一些仍然面临的威胁，还应采取相应的减灾预防措施。

第二节　事故应急救援技术及体系建设

应急体系是开展应急救援管理工作的基础，一个完整的应急体系应由应急组织体系、应急运作机制、应急法制基础和应急保障体系四个部分构成。

一、应急组织体系

首先是应急体制建设中的组织体系，主要分为管理组织机构、功能部门、应急指挥和救援队伍四个部分。

1. 管理组织机构

管理组织机构一般是指维持应急日常管理的负责部门，负责管理、组织、协调、联络等方面工作。从中央到地方有不同的应急组织形式，国务院应急办公室是我国应急工作的最高管理机构，负责制定相应的政策和法律法规。对于大型事故和灾难发生时的跨区域、跨行业的调动、协调和组织应急队伍及调配应急资源等诸多工作，各级政府都相应地成立了应急管理机构，是我国应急工作能够顺利开展的重要组织保障。企业虽然没有明确要求组织建立专职的应急管理机构，但作为应急工作的日常管理必须明确由相应的组织和人员承担，并明确其职责。

2. 功能部门

应急活动中需要多种功能，这些功能又由各个部门来承担，如公安、医疗、消防、通信、警戒与治安等，这些功能对应的部门包括与应急活动有关的各类组织机构。这些机构在应急行动中承担不同的应急救援任务，是应急响应的主要实施和支持力量。无论何种规模和风险的企业，都需要一些基本的应急功能，只是在响应和恢复中某项功能可能因为其作用的变化而发生变化，有的功能可因某个事件发生会立即启动、扩大或转移。例如，在液氯罐车泄漏事故中，首先启动的是消防部门，当不能控制形势时，液氯罐不断地泄漏发生变化。但原则是，无论在哪一阶段，进行相应的应急功能参与的时间、程度和所起的作用一定是要能满足应急活动中最重要的救援和最低限度减少损失的需求，这些变化需要应急指挥的协调和管理。

3. 应急指挥

应急指挥（中心）是在应急救援活动中的指挥控制系统。应急指挥包括应急预案启动后，负责应急救援活动的场外与场内指挥系统，是促进有关规定的制定、协调和对于应急力量的总体指挥。该组织的最高管理者有权指挥所有的应急响应行动和恢复行动，确定形势和应急行动的优先顺序。根据情况的变化，启动、改变或调整应急行动和资源使用，以满足应急活动需求。

4. 救援队伍

应急救援队伍一般是指专业救援队伍和自愿救援队伍两部分，专业救援队伍包括消防、医疗、防泄漏、工程抢险等。自愿救援队伍和人员在企业里一般是指那些受过一定培训和教育的应急人员，大多是兼职安全人员、义务消防员和红十字会救护员等。根据企业风险水平不同，应重点培养一批针对企业风险特点的、有经验的、具有不同应急功能的兼职人员，因其可能是当事人和第一目击者，常常在应急响应中起到重要作用。

企业的自愿应急组织人员来自各个部门，要经过系统的标准化应急培训，经过培训后给予相应资格，成为整个应急队伍的重要组成部分，以适应应急活动的不同需求。一旦发生事故，这些人能够起到很重要的作用。

我国在应急救援方面，目前已经开展了一些工作，但有些时候，在一些企业发生的事故中仍表现为企业和社会救援力量的薄弱。例如，广东省某染织厂发生火灾，事故导致楼房坍塌，引起多人死亡和重伤；现场救援人员没有进行过很好的救援培训，采用不正确的救援方法搬运伤员，虽然多人生命得到了挽救，但却造成终身截瘫的后果。这件事反映了在应急救援方面普及工作的重要性，普通员工必须经过有针对性的应急响应基本知识的培训，才能在紧急情况发生时有所作为。

二、应急运作机制

应急救援活动一般划分为应急准备、初级响应、扩大应急和应急恢复四个阶段，应急机制与这些应急活动密切相关。应急运作机制主要有统一指挥、分级响应、属地管理和公众动员四个基本原则。

1. 统一指挥

统一指挥是应急活动的最基本原则。在应急活动中必须是统一指挥，以保证应急活动正常、有效地进行。应急指挥一般分为集中指挥与现场指挥或场外指挥与场内指挥几种形式，但无论采用哪一种指挥系统，都必须实行统一指挥模式；无论应急救援活动涉及单位的行政级别高低或隶属关系不同，都必须在应急指挥部的统一指挥协调下行动，有令则行，有禁则止，统一号令，步调一致。

如何确保统一指挥的协调，是规划现场指挥系统的一个关键目标。应急响应可能涉及部门中多个方面的人员、相关部门的人员、扩大应急时的政府各部门和其他人员以及志愿者。所以，必须在紧急事件发生之前建立有关协调所有这些不同类型应急者的机制。紧急指挥的结构应当在紧急事件发生前就已建立，一旦响应开始，如应由谁负责以及谁向谁报告等情况应有明确的规定。应急预案在指挥机构中做出明确的规定，并达成共识，这将有助于保证所有应急活动的参与人员明确自己的职责，并在紧急事件发生时很好地履行其职责。一般情况下，企业可以选择使用一个集中指挥控制系统和一个现场控制系统，或者合二为一的指挥系统。

(1) 集中指挥系统的职责

1) 在应急中心收到的信息基础上对整个形势有清晰的认识和判断。

2）与相应的应急服务组织（如消防、治安、设备设施、医疗等）部门以及其他支持部门紧密协作，根据整个企业的形势确定优先的应急响应行动和活动。

3）根据情况改变或调整应急行动和资源的使用，从而满足出现紧急情况时受伤人员的救援需要以及对于企业财产的保护。

应急响应中的集中控制和指挥是非常重要的。一般来说，企业发生事故时，最重要的是现场实施的减少紧急事件响应和挽救生命的行动，可以由现场指挥员进行指挥控制。首先指定某人的指挥职权，经确认后可以进行指挥，有权协调和调集资源、人员用于救援。但当响应级别发生变化时，事故指挥职责也会随之发生变化，可转由更高级别的指挥系统人员来承担。一旦指挥的权力转移到上一层的指挥人员手中，原有的指挥仅负责提供支持功能，而不能再进行应急响应行动的决策，这些转换的规定必须在进行预案编制时给予明确，确定转移的时机和原则。

（2）事故指挥系统。作为事故指挥系统，其主要功能是针对现场的应急响应行动形成模块化的结构，这五个基本结构自上而下分别是指挥、行动、策划、后勤、财政/行政，每一个结构在应急活动中有不同的功能。

这五个不同的结构应分别有其相应的负责人，最终对应急指挥负责，其中：

1）行动部。其功能主要是负责事故现场的战术行动，并保证所有的应急战术行动按照事故行动计划来完成。例如，应急中的消防、医疗救援、防泄漏、疏散等都属于该行动范围。这些行动功能可以是分别行动并负责，或是由一个统一的组织或部门负责，但无论采用哪种方式，最终都要对事故指挥负责人负责。

2）策划部。其功能主要是负责有关信息的收集、评价、文件化、发布和使用，以及应急现场资源的使用和需求分析，也可准备事故行动计划。对于临时小型事故，这些计划可以是口头表达形式，如需使用来自多个机构的资源，涉及多个部门、人员和设备的轮换等情况时，需要以书面形式明确下来。策划部门主管负责人也要对事故指挥负责人负责。

3）后勤部。主要负责提供设施、服务、人员和物资，并向事故指挥负责人报告。

4）财政/行政部。跟踪事故所有费用、评估事故的资金事项及其他功能未涉及的行政职责，并确保对事故指挥负责人负责。

5）应急指挥官员的职责主要是对现场进行全面管理，对设备、人员的指挥、控制及调度，协调不同机构的人员等。其余根据事故发生的大小和复杂程度来确定以上相应级别的管理结构，当事故发生的大小和复杂程度增加时，管理结构也相应扩展。这些变化必须事先在预案中有原则规定。如在事故指挥官中还包括以下人员：

①安全员。负责评估现场的危险，确保应急响应人员的安全，否则救援人员的安全得不到保障。2004 年在某省发生的一次大火，导致数十名消防官兵殉职，如果在火灾现场设有一名负责人员，其职责就是对现场相应人员的安全进行监督，就会对现场楼房燃烧了几个小时后已经达到了耐火极限这些可能会给楼房的结构带来影响等情况做出及时的判断，将可能出现的不安全情况，如楼房可能坍塌的信息及时反馈给指挥人员，以便迅速做出正确的撤离指令。

②信息员。其职责是了解和熟悉事故现场的各种信息。如事故发

生有关信息、什么原因导致事故的发生、大致有多少人受伤、救援力量需要的资源、当前亟须解决的问题等，同时也可代表应急指挥（因应急指挥的精力主要放在指挥现场救援）直接与媒体和社区政府进行联系等。这些都是大致情况的判断，由于是一种初期综合信息，在应急初级响应阶段的正确指挥和下达指令非常重要。

③联络（责任）员。如事态扩大导致场外应急启动时，负责与之联系的人员。

以上这些人员，因其具有的特殊作用和功能，应直接对应急指挥负责，同时也可在相应的功能中给予详细的描述。

2. 分级响应

分级响应是指在初级响应到扩大应急的过程中实行分级响应的机制。扩大或提高应急级别的主要依据是事故灾难的危害程度、影响范围和控制事态的能力，而后者是“升级”的最基本条件。扩大应急救援主要是提高指挥级别，扩大应急范围，增强响应能力。因为对于应急响应的初期来讲，最重要的应急力量和响应是在企业，但有些事故的发生并不是企业的应急能力和资源都能解决和完成的。当事态扩大时，已经超出了企业的应急响应能力，则必须扩大应急的范围和层次。对于不同的事故类型应有不同的响应级别，以确保应急活动的有效性，最大限度地降低风险后果。即使在企业内部，也有以下不同的响应级别：

（1）一级紧急情况，一个部门正常可利用的资源能够处理的紧急情况。

（2）二级紧急情况，需要两个或多个部门响应的紧急情况。

（3）三级紧急情况，必须利用所有有关部门及一切资源的紧急情况。

3. 属地管理

属地管理是强调“第一反应”的思想和以现场应急、现场指挥为主的原则。我国在计划经济时期形成了行业管理形式，有的还在部分行业中没有完全转变，过于强调自己的行业主管，尤其是一些中央大型企业，长期以来是对自己主管部门负责，与地方政府很少交流和沟通，没有属地的概念，所以导致在一些重大事故中由于不能及时沟通信息而没有得到很好的救助和配合，进而导致重大人身伤亡事故，这些都有过血的教训。

强调属地管理，是因为只有属地对于本地区的情况、气候条件、地理位置最熟悉，才能在紧急行动中最快捷地到达，才能有调配本区域内各种资源和协调各部门的组织。

4. 公众动员

公众动员是应急机制的基础，也是整个应急体系的基础。我国在这方面普遍差距较大，全民性的教育和培训还远远不足。2003 年的“非典”是一次很好的公众教育形式，在这次事故中，大家不但了解了“非典”的传播方式、注意事项、防护方法，而且使得自我防护意识的增强变成了自觉的行动，最终使“非典”得到有效控制。

三、应急法制基础

法制建设是应急体系的基础和保障，也是开展各项应急活动的依据。与企业应急活动有关的法规可分为四个层次：由立法机关通过的法律，如《突发事件应对法》《安全生产法》《消防法》等；由政府、行业和企业颁布的应急救援管理的相关规章或条例等；包括预案在内的以企业发布令形式颁布的规定等；与应急救援活动直接有关的一些标准或管理办法。

从应急管理的角度还缺乏统一的要求，各个企业和部门在制定过程中还需要相关的规定及要求，这些都是亟待解决的问题。目前在制定预案中，企业内部也可根据现有的一些规定并结合企业的实际需要制定一些规定和要求，包括计划和程序等内容，这些企业文件一经发布，也可视为执行应急活动的依据。

四、应急保障体系

应急救援工作快速、有效地开展依赖于充分的应急保障体系。保障体系包括各类应急预案保障、人力资源保障、各类物资和应急能力保障。

位于应急保障系统首位的是各类应急预案保障。原则上应该是每一危险设施都应有一个应急预案。

建立集中管理的应急信息通信平台是应急体系的最重要基础建设之一。应急事故发生时，所有预警、报警、报告和指挥等活动的信息交流要通过应急信息通信系统的保障才能快速、顺畅、准确传达。另外，建立信息平台可以使宝贵的信息资源共享。但是，由于有些信息有一定的军事价值和商业价值，应界定信息资源共享的范围和人员，同时要防止借信息共享之由将一些国家重要的军事、安全、地理和商业信息泄露出去，给国家造成不必要的损失。有些企业制定的应急预案中，对于企业核心技术部分资源的了解就限定了响应权限。

物资与装备不但要保证足够，而且还要实现快速、及时供应到位，并且要界定及明确对于不同应急资源管理、使用、维护和更新的相应职责部门与人员。

用于应急的通信联络设备、进入事故现场实施救援人员的防护用品以及消防设施和供应等，要保证充足的数量和合格的质量。

应急活动中除了常用的一些救援装备以外，在特殊情况下常常还需要一些特种救援装备，如吊装、起重、运送设备、建筑破拆、金属切割和挖掘设备、探测、支撑、防护设备、封闭等特种设备、侦检装备等。企业应了解哪里有这些设备，通过什么样的快捷方式能在需要的时候迅速得到，这对于救援出现紧急情况时是非常重要的。

另外，有些虽不属于设备，但也应作为保障系统的一部分。如现场地图和图表，有关材料储存区、工艺区域、服务区域、路径、厂区规划等信息和资料。在国外，很多救援活动指挥开始就是在图纸上进行的，了解相关的信息情况，图纸常常可以给人们最直观的印象。

现场应急设备还包括危险品泄漏控制装置、营救设备、应急电力设备、重型设备、文件资料等。另外，要有足够的医疗服务机构、设施、设备。还应注意保安和进出管制设备是否供应充足，能否保障足够的警力控制交通及进行疏散。

应急的人力资源保障主要是指紧急时可动员的全职及兼职人员，以及其应急能力和培训水平情况。

人力资源保障包括专业队伍和志愿人员以及其他有关人员，他们是经过相应的培训教育并能在应急反应中起到应急作用的人员，如指挥人员、医疗救护人员、抢险人员、指挥疏散人员等。应急财务保障人员则以保障应急管理运行和应急反应中各项活动的开支为主要职责。

第三节　事故应急救援预案编制

一、应急预案的基本结构与内容

应急救援是为预防、控制和消除事故对人们生命、财产安全的危害而采取的反应救援行动。应急预案则是开展应急救援行动的行动计划和实施指南，实际上是一个透明和标准化的反应程序，应该有系统完整设计、标准化的文本文件、行之有效的操作程序和持续改进的运行机制，使应急救援活动能按照预先周密的计划和最有效的实施步骤有条不紊地进行。这些计划和步骤是快速响应和应急救援的基本保证。

应急预案应形成体系，针对各级各类可能发生的事故及所有危险源制定专项应急预案和现场应急处置方案，并明确事前、事发、事中、事后各个过程中相关部门和有关人员的职责。编制应急预案，是依据宪法及有关法律、行政法规，把应对突发事件的成功做法规范化、制度化，明确今后如何预防和处置突发事件。

1. 应急预案的基本编制结构

不同的预案由于各自所处的层次和适用的范围不同，其内容在详略程度和侧重点上会有所不同，但重大事故所带来的后果和影响是大同小异的。例如，地震、洪灾和飓风等都可能迫使人们离开家园，都需要实施“人群安置及救济”。而围绕这一任务或“功能”，可以基于地方政府共同的资源在综合预案中制订共性计划，而在专项预案中针对不同类型的灾害，可根据其爆发速度、持续时间、袭击范围和强度等特点，只需对该项计划做一些小的调整。因此，应急预案的编制都可以采用相似的基本结构，即基于应急任务或功能的“1＋4”预案编制结构，如图 6—1 所示。

“1＋4”预案编制结构即一个基本预案加上应急功能设置、特殊风险预案、标准操作程序和支持附件构成。该预案基本结构不仅使预案本身结构清晰，而且保证了各种类型预案之间的协调性和一致性。

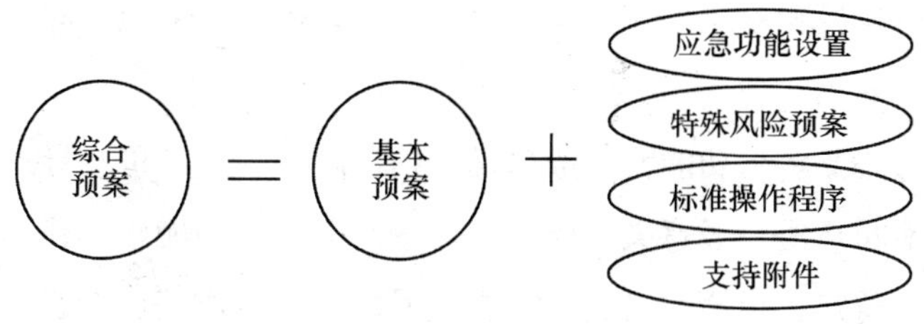

图 6—1　预案的基本结构

（1）基本预案。基本预案也称“领导预案”，是对应急预案的总体描述，是应急反应组织结构和政策方针的综述，还包括应急行动的总体思路和法律依据，指定和确认各部门在应急预案中的责任与行动内容。其主要内容包括预案发布令、应急机构署名页、术语与定义、相关法律法规、方针与原则、危险分析与环境综述、应急资源、机构与职责、教育、培训与演练、与其他应急预案的关系、互助协议、预案管理等。基本预案一般是对公众发布的文件。

（2）应急功能设置。应急功能是针对在各类重大事故应急救援中通常都要采取的一系列基本应急行动和任务而编写的计划。它着眼于针对突发事故响应时所要实施的紧急任务。由于应急功能是围绕应急行动的，因此它们的主要对象是那些任务执行机构。每一应急功能应明确其针对的形势、目标、负责机构和支持机构、任务要求、应急准备和操作程序等。应急预案中包含的功能设置的数量和类型因地方差异会有所不同，主要取决于所针对的潜在重大事故危险类型以及应急组织方式和运行机制等具体情况。应紧紧围绕应急工作中的主要功能而编制，明确执行该预案的各部门和负责人的具体任务。

应急功能设置分预案中要明确从应急准备到应急恢复全过程每一个应急活动中各相关部门应承担的责任和目标，每个单位的应急功能要以分类条目和单位—功能矩阵表来表示，还要以部门之间签署的协议书来具体落实。

应急需要多少功能？一般来说，因风险的水平和可能导致的事故类型而不同，但一般意义上应具有一些基本应急功能，其核心功能包括接警与通知、指挥与控制、警报与紧急公告、通信、事态监测与评估、警戒与治安、人群疏散与安置、医疗与卫生、公共关系、应急人员安全、消防与抢险、泄漏物控制、现场恢复等。这里应明确每一个应急功能所对应的职责部门和目标。

(3) 特殊风险预案。特殊风险是指根据各类事故灾难、灾害的特征，需要对其应急功能做出有针对性安排的风险。特殊风险预案是建立在公共安全风险评价的基础上，按照自然灾害（如地震、洪水、风暴等)、安全生产事故（如危险化学品、大型设备故障、管道腐蚀泄漏导致中毒等)、突发事件和突发公共卫生事件分类，提出针对这些突发和后果严重的特殊危险而制定的专门预案，它是前两部分的重要补充。

不同企业和不同行业风险不同，事故类型也不同，应急管理部门应考虑当地地理、社会环境和经济发展等因素影响，根据其可能面临的潜在风险类型和特点，说明处置此类风险应该设置的专有应急功能或有关应急功能所需的特殊要求，明确这些应急功能的责任部门、支持部门、有限介入部门以及它们的职责和任务，为该类风险专项预案的制定提出特殊要求和指导。

特殊风险管理中应列出各类潜在重大事故风险，说明各类重大事故风险应急管理所需的专有应急功能和对其他相关应急功能的特殊要求，明确各应急功能的主要负责部门、有关支持部门以及这些部门的职责和任务。特殊风险管理中可能列出的重大事故风险类型包括危险化学品事故、矿山安全生产事故、重大建筑工程事故、核物质泄漏、大面积停电、海难、空难、铁路路内与路外事故以及火灾等。此外，城市自然灾害、公共安全和公共卫生事件（如地震、洪水、暴风雪、台风、极端高温或低温、恐怖事件、骚乱、中毒、瘟疫等）可能会导致次生重大事故灾难。必要时，特殊风险管理中应说明有关自然灾害、公共安全和公共卫生事件应急管理过程中次生重大事故灾害的应急处置原则、要求和指导。

（4）标准操作程序。由于基本预案、应急功能设置并不能说明各应急功能的实施细节，各应急功能的主要责任部门必须组织制定相应的标准操作程序，为应急组织或个人提供履行应急预案中规定职责和任务的详细指导。标准操作程序应保证与应急预案的协调性和一致性，其中重要的标准操作程序可作为应急预案附件或以适当方式引用。

应急标准操作程序（SOPs）相当于《生产经营单位安全生产事故应急预案编制导则》（AQ/T 9002—2006）中的应急处置方案。标准操作程序的作用是为应急组织或个人履行应急功能设置中规定的职责和任务提供详细指导。应通过简洁的语言说明标准操作程序的目的、执行主体、时间、地点、任务、步骤和方式，并提供所需的检查表和附图表；检查表直观、简洁地列出了每一应急任务和步骤，实际上操作程序本身也应采取检查表的主体形式，以便快速行动或核对每一重要任务或步骤的执行情况。

应急标准操作程序（SOPs）主要是针对每一个应急活动执行部门，在进行某几项或某一项具体应急活动时所规定的操作标准，这种操作标准包括一个操作指令检查表和对检查表的说明，一旦应急预案启动，相关人员可按照操作指令检查表逐项落实行动。应急标准操作程序（SOPs）是企业编制应急预案中最重要和最具可操作性的一部分文件。这里是回答在应急活动中谁来做、如何做和怎样做等一系列问题。事故应急活动需要多个部门参加，应急活动是由多种功能组成的，所以每一个部门或功能在应急响应中的行动和具体执行的步骤要由一个程序来指导。事故发生是千变万化的，会出现不同的情况，但应急程序有一定规律，标准化的内容和格式可保证不至于在错综复杂的事故中造成混乱。国内外一些成功的救援案例多是因为制定了有效的应急预案，事故发生时可以做到迅速报警，通信系统及时地传达有效信息，各个应急响应部门职责明确、分工清晰，做到忙而不乱，在复杂的救援活动中保持井然有序。

标准中应明确应急功能和应急活动中的各自职责，明确具体负责部门和负责人。应明确应急活动中具体的活动内容、具体的操作步骤，并应按照不同的应急活动过程来描述。

（5）支持附件。支持附件主要包括应急救援的有关支持保障系统的描述及有关附图表。这部分包括的内容最全面，是应急的支持体系，应急策划中的危险分析、资源分析，化学危险品的一些数据、管理内容、工艺过程、专家系统等材料都应在支持附件中体现。

支持附件主要包括危险分析附件，通信联络附件，法律法规附件，应急资源附件，教育、培训、训练和演习附件，技术支持附件，协议附件以及其他支持附件等。

2. 应急预案的基本内容

完整的应急预案主要包括以下六个方面的内容：

（1）应急预案概况。应急预案概况主要描述生产经营单位概况以及危险特性状况等，同时对紧急情况下应急事件、适用范围提供简述并做必要说明，如明确应急方针与原则，作为开展应急救援工作的纲领。

（2）预防程序。预防程序是对潜在事故、可能的次生与衍生事故进行分析，并且说明所采取的预防和控制事故的措施。

（3）准备程序。准备程序应说明采取应急行动前所需进行的准备工作，包括应急组织及其职责权限、应急队伍建设和人员培训、应急物资的准备、预案的演习、公众的应急知识培训、签订互助协议等。

（4）应急程序。在应急救援过程中，存在一些必需的核心功能和任务，如接警与通知、指挥与控制、警报与紧急公告、通信、事态监测与评估、警戒与治安、人群疏散与安置、医疗与卫生、公共关系、应急人员安全、消防与抢险、泄漏物控制等，无论何种应急过程都必须围绕上述功能和任务而开展。应急程序主要是指实施上述核心功能和任务的程序及步骤。

（5）恢复程序。恢复程序是说明事故现场应急行动结束后所需采取的清除和恢复行动。现场恢复是在事故被控制住后所进行的短期恢复，就应急过程来说意味着应急救援工作的结束，并进入另一个工作阶段，即将现场恢复到一个基本稳定的状态。经验表明，在现场恢复过程中往往仍存在着潜在危险，如余烬复燃、受损建筑倒塌等，所以应充分考虑现场恢复过程中的危险，制定恢复程序，防止事故再次发生。

（6）预案管理与评审改进。应急预案是应急救援工作的指导文件，应当对预案的制定、修改、更新、批准和发布做出明确的管理规定，保证定期或在应急演习、应急救援后对应急预案进行评审，针对各种情况以及预案中所暴露出的缺陷来不断完善应急预案体系。

二、应急预案编制的基本要求与核心要素

1. 应急预案编制的基本要求

无论哪种类型的应急预案，其编制都应满足以下几点要求：

（1）应急预案要有针对性。应急预案是针对可能发生的事故，为迅速、有序地开展应急行动而预先制定的行动方案。因此，应急预案应结合危险分析的结果，针对重大危险源可能发生的各类事故关键的岗位和地点、薄弱环节以及重要的工程进行编制，以确保其有效性。

（2）应急预案要有科学性。事故应急救援工作是一项科学性很强的工作。编制应急预案时，也必须以科学的态度，在全面调查研究的基础上，采取领导和专家相结合的方式，开展科学分析和论证，制定出决策程序和处置方案、科学应急手段、先进的应急反应方案，使应急预案真正具有科学性。

（3）应急预案要有可操作性。应急预案具有实用性或可操作性，即发生重大事故灾害时，有关应急组织人员可以按照应急预案的规定，迅速、有序、有效地开展应急与救援行动，降低事故损失。为确保应急预案实用、可操作，重大事故应急预案编制机构应充分分析、评估本企业可能存在的重大危险及其后果，并结合自身应急资源能力的实际，对应急过程的一些关键信息，如潜在重大危险及后果分析、支持保障条件、决策指挥与协调机制等，进行详细而系统的描述。同时，各责任方应确保重大事故应急所需的人力、设施和设备、财政支持以及其他必要资源。

（4）应急预案要有完整性。应急预案的内容应完整，包含实施应急响应行动所需的所有基本信息。应急预案的完整性主要体现在功能、职能完整，应急过程完整，适用范围完整等方面。

（5）应急预案要有符合性。应急预案中的内容应符合国家相关法律法规、国家标准的要求。我国有关应急预案的编制工作必须遵守相关法律法规的规定，如《安全生产法》《危险化学品安全管理条例》《职业病防治法》等。同时，编制安全生产应急预案还应参考其他灾种，如洪涝、地震和核辐射事故等相关法律法规。

（6）应急预案要有可读性。应急预案应当包含应急所需的所有基本信息，这些信息如组织不善，可能会影响预案执行的有效性。因此，预案中信息的组织应有利于使用和获取，并具有相当的可读性，且易于查询、语言简洁、通俗易懂、层次结构清晰。

（7）应急预案要相互衔接。重大事故应急预案应与其他相关应急预案协调一致，相互兼容。其他预案的范围包括：上级应急预案，如政府主管部门应急预案；下级应急预案，如生产经营单位应急预案、相邻生产经营单位应急预案；本企业其他灾种的应急预案，如防洪预案等。生产经营单位发生的安全生产事故一旦超出厂界或超出本单位自身的应急能力，则需要社会及政府的应急援助。因此，生产经营单位安全生产事故应急预案必须与所在区域或当地政府的应急预案有效衔接，以确保应急救援工作的成效。生产经营单位编制的应急预案在内容上应考虑衔接问题，如发生事故后的及时上报、向政府的救援请求、外部应急救援队伍到现场后的协同作战等。

生产经营单位应将应急预案报政府有关部门备案，使政府有关部门能够掌握生产经营单位的应急救援工作情况。同时，生产经营单位应与政府有关部门保持紧密联系，确保应急救援工作能够顺利开展。

2. 应急预案编制的核心要素

在编制应急预案时，一个重要问题是预案应包括哪些基本内容和核心要素，才能满足应急救援活动的需求。因为应急预案是整个应急管理工作的具体反映，其内容不限于事故发生过程中的应急响应和救援措施，还应包括事故发生前的各种应急准备和事故发生后的紧急恢复以及预案的管理与更新等。因此，完整的应急预案编制应包括六个一级关键要素，具体为方针与原则、应急策划、应急准备、应急响应、现场恢复、预案管理与评审改进。

六个一级关键要素之间既具有一定的独立性，又紧密联系，从应急的方针、策划、准备、响应、恢复到预案管理与评审改进，形成了一个有机联系并持续改进的应急管理体系。根据一级关键要素中所包括的任务和功能，应急策划、应急准备和应急响应三个一级关键要素可进一步划分成若干个二级小要素。所有这些要素构成了重大事故应急预案的核心要素。这些要素是重大事故应急预案编制应当涉及的基本方面，在实际编制时，根据企业的风险和实际情况的需要，也为便于预案内容的组织，可根据企业自身实际，对要素进行合并、增加、重新排列或适当删减等。这些要素在应急过程中也可视为应急功能。

（1）方针与原则。无论哪一级或哪种类型的应急救援体系，首先必须有明确的方针和原则，以作为开展应急救援工作的纲领。方针与原则反映了应急救援工作的优先方向、政策、范围和总体目标。应急的策划和准备、应急策略的制定和现场应急救援及恢复都应当围绕方针和原则开展。作为应急预案，应强调的是事发前的预警以及事发时的快速响应、高效救援。在救援过程中强调救死扶伤和以人为本的原则。但在以往有些时期，由于过多地强调了对于财产的保护，如宁可牺牲个人生命，也要保护国家财产等提法，忽视人员生命的情况导致了一些伤亡事故的发生。这些做法与现代文明和救援的理念是不相符的，也不符合发展和谐社会、以人为本的理念要求。所以，救援过程中最为重要的是人员的生命安全。

救援过程中有一些原则也必须给予关注，如应有利于恢复再生产，对于设备、设施，尤其是重大设备和贵重设备的救援，不能因为盲目救援而过多地采用一些不利的救援方式，如灭火方式的选择等。救援中应考虑到继发的影响，不能因为救援进一步扩大环境污染，使事态扩大。如对某化工企业爆炸火灾事故的不当救援，使得一个安全生产事故演变成为一个重大环境污染事故，扩大了事故的等级和影响。

事故应急救援工作是在预防为主的前提下，贯彻统一指挥、分级负责、区域为主、单位自救和社会救援相结合的原则。其中预防工作是事故应急救援工作的基础，除了平时做好事故的预防工作，避免或减少事故发生外，还要落实好救援工作的各项准备措施，做到预先有准备，一旦发生事故就能及时组织救援。

（2）应急策划。应急预案最重要的特点是具有针对性和可操作性，因此，应急策划必须明确预案的对象和可用的应急资源情况。即在全面系统地认识和评价所针对的潜在事故类型的基础上，识别出重要的潜在事故性质、区域、分布及事故后果，同时根据危险分析的结果，分析评估企业中应急救援力量和资源情况，为所需的应急资源准备提供建设性意见。在进行应急策划时，应当列出国家、地方相关法律法规，作为制定预案和应急工作授权的依据。因此，应急策划包括危险分析、应急能力评估（资源分析）以及法律法规要求三个二级要素。

（3）应急准备。主要是针对可能发生的应急事件做好各项准备工作。能否成功地在应急救援中发挥作用，取决于应急准备充分与否。应急准备基于应急策划的结果，明确所需的应急组织形式及其应急时的职责权限、应急队伍建设和人员培训、预案的演习、公众的应急知识培训和签订必要的互助协议等。这种准备是为响应服务事先做好的各项准备工作，也应包括使应急设备经常处于应急状态、事故模拟演练等内容。

（4）应急响应。企业应急响应能力的体现应包括需要明确并实施在应急救援过程中的核心功能和任务，这一核心功能既具有一定的独立性，又相互联系，构成应急响应的有机整体，共同实现应急救援的目的。

应急响应的核心功能和任务包括接警与通知、指挥与控制、警报与紧急公告、通信、事态监测与评估、警戒与治安、人群疏散与安置、医疗与卫生、公共关系、应急人员安全、消防与抢险、泄漏物控制等。当然，根据企业的风险性质不同，需要的核心应急功能也可有所差异。

（5）现场恢复。现场恢复是对事故发生后期的处理。包括疏散人员的安置、受害人员及家属的心理疏导、由于事故导致的泄漏物污染问题的处理、伤员的救助、后期的保险索赔、生产秩序的恢复等一系列问题。在恢复阶段还应注意对事故现场的连续监测，直到确认现场安全的情况下才可进入。在有的事故案例中就有过这样的惨痛教训。某企业在大火熄灭后，大部分救援人员相继撤离。由于现场没有相应的警戒措施，企业负责人为减少经济损失，缺乏对于险情的足够评估，就擅自带领几百人进入现场抢救物资，这时已经燃烧了几个小时严重超过耐火极限的楼房突然坍塌，造成了当场93人死亡的严重后果。

（6）预案管理与评审改进。强调在事故后（或演练后）对预案不符合和不适宜的部分进行修改和完善，使其更加适合于企业实际应急工作的需要。预案的修改及更新要有一定的程序和相关评审指标。预案的评审应紧紧围绕以下几个方面进行，即完整性、准确性、可读性、符合性、兼容性、可操作性或实用性。

三、应急预案编制步骤

预案的编制应该具有相对灵活性，但为了便于预案的管理以及预案的实施与有效衔接，给预案的编制提供一定的指导，许多国家均针对预案编制给出了相应的指南。美国联邦应急管理局（FEMA）编制了《综合应急计划编制指南》；我国国家安全生产监督管理总局发布了《生产经营单位安全生产事故应急预案编制导则》（AQ/T 9002—2006）来指导企业编制应急预案。应急预案的具体编制程序可分为以下几个步骤：

1. 成立应急预案编制工作组

应急预案本身最重要的作用是在应急过程中的实用性和可操作性。应急预案的编制是一个复杂和负责任的过程。应急预案的内容包括多个方面，既有工艺过程危害辨识，又有设备维护管理及风险评价、作业场所环境、危险化学品、应急劳动保护品的选用、医疗救护、消防与治安等方面和领域。在组织应急预案的编制工作时，首先要结合本单位职能部门分工，成立以单位主要负责人为领导的应急预案编制工作组，明确编制任务、职责分工，制订工作计划。应急预案编制工作组应有专人或一个工作组来负责应急管理计划的编制。下面就小组成员的构成提出有关建议。

应急预案编制小组是把各有关职能部门、各类专业技术有效结合起来，从而保证应急预案的准确性、完整性和实用性，而且为应急各方提供一个非常重要的交流机会。因此，编制小组在起草应急预案时应广泛征求有关部门、单位和社会各界的意见，并与相关应急职能部门沟通，广泛采纳各方建议，以使应急预案具有更好的完备性、可操作性。

具体如下：

（1）部门参与。应鼓励更多的人投入编制过程，尤其是一些相关科室和部门，因为编制过程本身是一个磨合和熟悉各自活动、明确各自责任的过程。编制本身也是一个很好的培训过程。这些部门包括管理层、员工、人力资源部门、工程与维修部门、职业安全健康与环保部门、公共信息管理人员、保卫部门、财务部门和医疗部门等。

（2）时间和经费。时间和必要的经费保证使参与人员有可能投入更多的时间和精力。应急预案是一个复杂的工程，从危险分析评价、脆弱性分析、资源分析，到法律法规要求的符合性分析；从现场生产过程到防护能力及演练，如果没有充足的时间和经费保证，难以保证预案的编制质量。

（3）交流与沟通。各部门必须及时沟通，互通信息，提高编制过程的透明度和水平。在编制过程中，经常会遇到一些问题，或是职责不明确，或是功能不全，有时由于在编制过程中不能及时沟通，导致出现功能和职责的重复、交叉或不明确等现象。

（4）专家系统支持。应急预案涉及多个领域的内容，预案的编制不仅是一个文件化的过程，更重要的是依据一个客观和科学的实际情况对事故做出评价，编制一个与之相适应的应急响应能力预案。所以，预案的科学性、严谨性、可行性都是非常强的，只有对这些领域的情况有深入的了解才能写出有针对性的内容。对于企业来讲，这个专家系统既可以利用外部资源，也可以充分发挥本企业资源，如企业的设备管理操作人员、工程技术人员、设计人员等，在预案的编制过程中可以起到至关重要的作用。有时因企业的风险水平较高，或在进行安全评价时技术要求难度较大，也可聘请专业应急咨询机构和评价人员来帮助开展一些工作。

（5）编制工作组人员要求。这些人员应有一定的专业知识，有团队精神，有社会责任感等。另外，应有部门代表性及公正性。应急工作组成员一定要明确参与具体编制的成员和专家系统及其他相关人员。在大多数情况下，可能该预案编制工作组只有一两个人承担大量的工作，负责具体的文字编写和组织工作，一般在企业常常是以安全主管部门或消防保卫部门为主。其他部门参与人员是不固定的，可各自负责需要编写的部分。编制过程需要一定时间集中讨论，编制工作应得到各相关职能部门的人员支持，并应得到高层管理者的授权和认可。应以书面形式或以企业下发文件的形式，明确指定各部门的参与人员，并得到本部门的认可。

（6）人员构成。应有以下部门人员参与，如：

1）高层管理者。

2）各级管理人员。

3）财务部门。

4）消防、保卫部门。

5）防泄漏部门。

6）各岗位工人。

7）人力资源部门。

8）工程与维修部门。

9）职业安全健康与环保部门。

10）总调度室。

11）安全主管。

12）对外联系部门，如办公室等。

13）后勤与采购部门。

14）医疗部门。

15）其他部门。

（7）制订工作计划，明确授权、任务和进度

1）明确应急管理的各项承诺。通过授权应急预案编制工作组采取编制计划所需的措施，以利于形成团队精神。该工作组应由最高管理者或企业安全主要管理者直接领导。工作组成员和工作组领导之间的权力应予以明确，但应提供充分的交流机会，保持必要的沟通。

2）最高管理者或企业安全主要管理者应发布任务书来表明企业对应急管理所做出的承诺。这些声明如下：

①确定编制应急预案的目的，指明所涉及的范围（包括整个组织）。

②确定应急预案编制小组的权力和结构。

3）时间进度和预算。要确定工作时间进度表和预案编制的最终期限。明确任务的优先顺序，情况发生变化时可以对时间进度表进行修改。

完成时间的期限确定取决于企业的风险水平、应急情况的复杂性、编制人员的能力、以往企业的工作、可利用的资料情况等多方面的因素。

对于一些开展过安全评价、职业健康安全管理体系认证等有比较好基础的企业，进行应急预案编制工作时，风险评估等项工作可作为参考。编制人员的能力需要通过培训得到提高，编制小组需要及时交流与沟通。一般来说，一个完整的预案编制过程至少需要半年的时间。当然，基于企业的风险水平和规模不同，也有很大的区别（不包括后期维护与应急演练）。

2. 收集资料

应急救援预案编制工作组成立之后，工作组应着手分析本单位的应急实施能力和企业可能面临的风险。首要任务是收集应急预案编制所需的各种资料，也就是收集本单位目前以及可能发生风险和紧急事件的信息，然后进行风险分析，从而确定企业处理紧急事件的能力。这是编制应急救援预案的关键环节。具体包括以下内容：

（1）相关法律法规。任何企业在应急管理中都必须遵守相应的法律法规。每个单位要根据自己所属行业和各自的生产特点收集可采用的国家、地方等有关应急管理的法律法规，如一些有关职业安全健康规则、环境规则、地方消防法规、行业或部门规章、地方性法规等。

（2）其他单位或部门的应急预案。在制定或修改一个新的预案之前，收集并参考已有的预案是非常有必要的。这些预案包括企业已有的预案、周边企业的预案和当地政府的预案。

1）企业已有的预案。相关内容包括评价报告、防火预案、危险品泄漏应急救援预案、自然灾害应急救援预案，以及可能涉及的类似活动的操作规程。收集和参考上述内容可以确保预案的连续性和时效性。

2）周边企业的预案。预案编制工作组应了解周边企业是如何为紧急事件做准备的，熟悉这些预案既可以及时发现自己可能忽视的信息，又可以确保在其他单位发生紧急事件时，及时、有效地做好应急响应工作，以避免不必要的损失或伤害。预案编制工作组还应与邻近单位就可能发生的紧急事件、应急资源、应急能力等信息进行沟通和讨论，以共同对应急操作程序进行新的改进，并制定互助协议。

3）当地政府的预案。收集并了解当地政府的应急救援预案，可以掌握政府和其他组织在社会应急网络中的运转情况，了解这些组织或机构如何准备、应急和恢复，这样在本单位发生紧急事件时，能够得到很好的支持和帮助。

(3）内部资源和能力。预案编制工作组应收集并了解企业内部资源和应急能力。收集企业的应急人员、应急设备、应急设施等资源，了解企业的应急培训与演练情况。

(4）外部资源和能力。企业发生紧急事件，启动应急响应时，如果能够及时得到外部力量的救援、使用公共应急设施，将极大地保证救援的有效性。因此，在编制应急救援预案时，一定要做好与外部机构的沟通和联络，了解外部机构的资源、要求和能力，确保编制的预案与上级预案相兼容，以保证应急响应迅速、有效。能为企业提供各类资源的机构包括国家和地方安全生产监督管理部门及应急管理部门、地方政府、行业主管部门、消防部门、公安机关、紧急医疗服务机构、国家和地方气象部门、电力部门、电信部门、相关企业等。

(5）国内外同行业事故案例分析。预案编制工作组还应收集国内外同行业事故案例并进行分析，以汲取成功的经验，借鉴失败的教训。

（6）本单位有关技术资料等。要分析本单位的应急实施能力，熟悉本单位的生产、运营及发展状况，了解相关方针与政策。因此，预案编制工作组在进行应急管理和编写应急救援预案前至少应查询本单位的疏散撤离计划、防火方案、安全与卫生方案、治安程序、保险方案、员工手册、工艺过程安全评价、风险管理计划、互助协议等。

3. 危险源与风险分析

危险源与风险分析是在危险因素分析及事故隐患排查、治理的基础上，确定本单位可能发生事故的危险源、事故的类型和后果，进行事故风险分析，并指出可能产生的次生、衍生事故，形成分析报告，分析结果作为应急预案的编制依据。危险分析和应急能力评估是编制应急预案的关键，所有应急预案都是建立在风险评估基础上的。

（1）危险源辨识。企业应根据实际情况，对现有的应急能力、可能发生的危险和紧急情况等进行危险源辨识。危险源辨识工作很重要，是应急预案编制的重要准备工作，应由预案编制工作组中的专业人员进行，并与相关部门及重要岗位员工交流。

危险源辨识一般包括以下内容：

1）识别企业现有的风险，其中哪些是重大风险，对现有的或计划中的作业环境和作业组织中存在的重大危害和风险进行识别、预测和评价。

2）确定现有的应急措施或计划采取的应急措施是否能消除危害或控制风险，然后对其脆弱性进行分析，确定企业在处理紧急事件时的能力。

3）确定适用的法律法规。确定适用于企业和地方应急方面的相关法律法规。

4）查阅相关文献。如疏散计划、防火计划、安全与健康计划、环境政策、安全操作程序、资金和采购程序、员工操作手册、工艺安全评价、风险管理计划、设备改进计划、与外部机构协调情况、企业附近的社区情况等。

5）初始评估结果应形成书面报告，作为应急预案编制的决策基础。

（2）危险源与风险分析。这是没有进行过危险源与风险分析的企业首先要做的工作。在对企业危险源识别的基础上进一步评价企业的风险脆弱性，即每一紧急情况发生的可能性和潜在后果。可通过量化的指标，或对可能性进行赋值、估算后果，并评估资源。

1）分析可能对企业产生影响的紧急情况。以往该社区、企业和该区域的其他企业曾经发生过什么样的紧急情况，如火灾、恶劣天气、危险物质溢出、交通事故、公共设施失修等。企业所处的地理位置可能发生什么情况，是否邻近洪水区、地震区和大坝；是否邻近生产、储存、使用或运输危险物质企业；是否邻近重要交通路线和机场等。

2）技术、工艺和系统故障将会导致什么情况发生，可能包括火灾、爆炸、危险物质事故、安全系统故障、通信故障、动力故障、紧急情况通报系统故障等；员工失误将会导致怎样的紧急事件发生；员工是否进行过安全作业培训，是否知道紧急情况下该做什么。

3）人为失误是导致工作场所发生紧急情况的最主要原因，包括没有经过良好的培训、维护不当、粗心大意、管理不善、物质误用、疲劳等。

4）企业建筑与生产工艺的设计可能导致什么样的紧急情况，在这些方面是否加强了安全管理，例如企业的物理建筑、有害工艺和副产品、储存易燃物质的设施、设备布置、照明、疏散路线和安全出口、企业能控制什么紧急情况或危害等。

5）对每种可能的紧急情况应分析其发生、发展的全过程。应考虑下列情况会导致什么结果发生：电力故障、通信线路故障、煤气管道破裂、水害、烟害、结构损坏、空气或水污染、爆炸、建筑物倒塌、受困人群、化学品泄漏等。

6）对于危险发生的可能性进行评估。

综上所述，企业在进行应急策划时，应包括危险源辨识、风险分析和应急能力评估这几个过程。

风险分析主要是考虑危险发生的可能性，还要评估事故发生时可能造成的严重后果，如人员伤害及财产损失、对环境的影响等。

最后，还要评估事故对企业经营的影响，如可导致短期或长期的经营中断、由于违约导致的罚款与处罚、关键供应物的中断、产品销售中断等。

需要注意的是，在风险分析和应急能力评估过程中，要强调应急预案适用地理范围内的危险源、危险区域的调查、登记和风险评估情况；分析本地及其周边地区应急资源分布和具备的应急能力情况。同时，把建立的危险源数据库、应急资源数据库和风险评估结果作为应急预案的附件，从而更好地实现风险控制的作用。

4. 应急能力评估

依据危险源与风险分析的结果，对企业可能发生的事故类型和可能发生的事故严重程度进行确定，并对已有的应急资源和应急能力进行评估，包括城市应急资源评估和企业应急资源评估，明确应急救援的需求和不足。应急资源包括应急人员、应急设施（备）、装备和物资等；应急能力包括人员的技术、经验和接受的培训等。应急资源和能力将直接影响应急行动的快速性、有效性。

制定预案时，应当在评价与潜在危险相适应的应急资源和能力的基础上，选择最现实、最有效的应急策略。危险源辨识与风险分析和应急能力评估程序如图 6—2 所示。

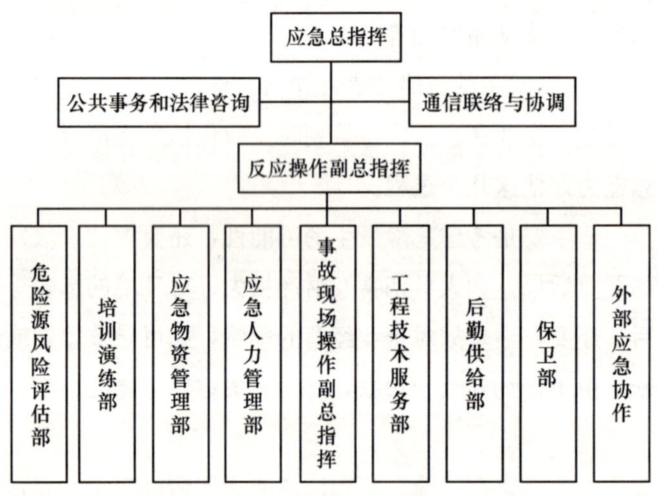

图 6—2　危险源辨识与风险分析和应急能力评估程序

5. 应急预案编制

编制应急预案必须基于重大事故风险分析结果、应急资源的需求和现状以及有关法律法规要求，针对可能发生的事故，按照有关规定和要求编制应急预案。预案编制工作组要合理组织预案的结构体系，每个部分都采用相似的逻辑结构来组织内容，格式应尽量采取范例的格式，以便更好地协调和对应。预案必须根据各类事故灾难、灾害的特征，结合应急能力评估的结果，对企业的实际情况做出有针对性的应急功能安排。应急管理部门应考虑当地地理、社会环境和经济发展等因素影响，根据其可能面临的潜在风险类型，说明处置此类风险应该设置的专有应急功能或有关应急功能所需的特殊要求，明确这些应急功能的责任部门、支持部门、有限介入部门以及它们的职责和任务，对该类风险专项预案的制定提出特殊要求和指导。

事故应急处理是一项科学性很强的工作。制定应急预案必须以科学的态度，在全面调查的基础上，采取领导与专家相结合的方式，开展科学分析和论证，使事故预案真正具有科学性。同时，事故应急救援预案应符合使用对象的客观情况，具有实用性和可操作性，以便准确、迅速地控制事故。

事故应急救援工作是一项紧急状态下的应急性工作，所制定的应急预案应明确救援工作的管理体系，救援行动的组织指挥权限和各级救援组织的职责、任务等一系列管理规定，以保证救援工作的权威性。

（1）编制应急预案的注意事项

1）分级、分类制定应急预案内容。

2）上一级应急预案的编制应以下一级应急预案为基础，做好预案之间的衔接。

3）结合实际情况，确定应急预案编制内容。

（2）应急预案的格式。应急预案的编制要严格按照相应的应急预案编制框架或指南进行。就应急预案编制的格式而言，应尽量做到以下几点：

1）合理组织。合理组织预案的章节，以便不同的读者能够快速地找到各自所需的信息，避免从一堆不相关的信息中去查找所需的信息。此外，在修改单个部分时应避免对整个应急预案做较大的改动。

2）连续性。保证应急预案每个章节及其组成部分在内容上的相互衔接，避免内容出现明显的位置不当。

3）一致性。保证应急预案中各个章节的内容都采用相似的逻辑结构来组织，使读者不用重新去适应每个章节内容的编排方式。

4）兼容性。应急预案的格式应尽量采用上级机构所采用的格式，以便各级应急预案能够更好地协调和对应。

在应急预案编制过程中，应注重全体人员的参与和培训，使所有与事故有关人员均掌握危险源的危险性、应急处置方案和技能。应急预案应充分利用社会应急资源，与地方政府的预案、上级主管单位以及相关部门的预案相衔接。此外，编制预案时应充分收集和参阅已有的应急预案，尽可能地减少工作量以及避免应急预案重复和交叉，并确保与其他相关应急预案的协调性、一致性。

（3）起草编写过程

1）确定目标和行动的优先顺序。

2）确定具体的目标和重要事项，列出要完成的任务清单、工作人员和时间，明确危险源和风险分析中发现的问题及资源不足的解决方法。

3）拟订编写计划。分配计划编制小组每个成员相应的编写内容，确定最合适的格式。对具体的目标明确时间期限，同时保证为完成任务提供足够和必要的时间。

6. 应急预案的评审与发布

（1）应急预案的评审。为确保应急预案的科学性、合理性以及与实际情况的符合性，预案编制单位或管理部门应依据我国有关应急的方针、政策、法律、法规、规章、标准和其他有关应急预案编制的指南性文件与评审检查表，组织开展预案评审工作，取得政府有关部门和应急机构的认可。

（2）应急预案的发布。应急预案经评审通过后，应由最高行政负责人签署发布，并报送有关部门和应急机构备案。应急预案是应急救援行动的指南性文件，为保证应急预案的有效性和与实际情况的符合性，必须对预案实施有效的管理，包括预案的发放、登记、修改和修订等。

1）预案的发放与登记。预案经批准后，应分发给有关人员与部门，并建立发放登记表，记录发放日期、发放份数、文件登记号、接收部门、接收日期、签收人等有关信息，如图 6—3 所示。向社会或媒体分发用于宣传教育的预案可不包括有关标准操作程序、内部通讯录等不便公开的专业、关键或敏感信息。

2）预案的修改和修订。为不断完善和改进应急预案并保持预案的时效性，应就下述情况对应急预案进行定期或不定期的修改和修订。例如：

①日常应急管理中发现预案的缺陷。

②训练或演习过程中发现预案的缺陷。

③实际应急过程中发现预案的缺陷。

④组织机构发生变化。

⑤原材料、生产工艺的危险性发生变化。

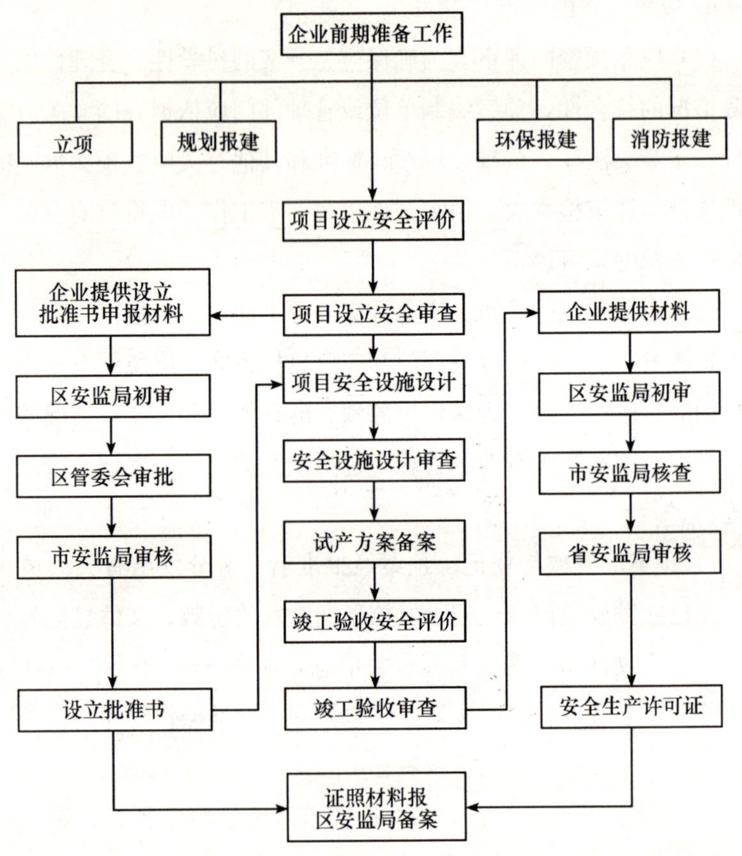

图 6—3　预案发放登记表示例

⑥生产经营范围发生变化。

⑦厂址、布局、消防设施等发生变化。

⑧人员及通信方式发生变化。

⑨有关法律、法规及标准发生变化。

⑩其他情况。

应规定组织预案修改、修订的负责部门和工作程序。修改预案时，应填写预案更改通知单，经审核、批准后备案存档，并根据预案发放登记表，发放预案更改通知单复印件至各部门，以更新预案。

当预案更改的内容变化较大、累计修改处较多，或已达到预案修订期限，则应对预案进行重新修订。预案的修订应采取与预案编制相同的过程，包括从成立预案编制小组到预案的评审、批准和实施全过程。预案经修订并重新发布后，应按原预案发放登记表，收回旧版本预案，发放新版本预案并进行登记。

四、应急预案的管理

按照《突发事件应对法》中规定的“所有单位应当建立健全安全管理制度”，做好应急预案管理。确保应急预案的科学性、实用性和有效性是开展应急救援工作的重要保障，是应急管理工作的重要内容和基础性工作。因此，必须加强应急预案的管理工作。建立企业应急预案的评估管理、动态管理和备案管理制度。各企业要根据有关法律、法规、标准的变动情况，应急预案演练情况，以及企业作业条件、设备状况、产品品种、人员、技术、外部环境等不断变化的实际情况，及时评估并补充、修订、完善预案。

企业应急预案按照“分类管理、分级负责”的原则报当地政府主管部门和上级单位备案，并告知相关单位。备案管理单位要加强对预案内容的审查，实现预案之间的有机衔接，确保应急预案在突发事件预测预警、应急处置和紧急恢复的实际应用中能够充分发挥效力。

具体来说，应急预案管理的范围应包括以下几个环节：

第一，应急预案编制的规范化。

第二，应急预案的评审、批准、备案与发布。

第三，应急预案的宣传、培训和演练。

第四，应急预案的更新与修订。

1. 预案的评估管理

高危行业必须建立预案评估制度。采取专家评估和自我评估相结合的方式，对规模较大的高危企业组织专家进行评估，规模较小的高危企业进行自我评估。二级以上重大危险源的预案必须由专家进行评估。通过评估，查找问题并督促企业修改和完善预案，不断增强预案的科学性。

（1）预案的评审。是指为确保预案能反映其适用区域当前经济、土地使用、技术发展、应急能力、危险源、危险物品使用、法律及地方性法规、道路建设、人口、应急电话以及企业地址等方面的最新变化，确保应急预案与当前应急响应技术和应急能力相适应而进行的审核。

（2）预案的批准。编制完成的应急预案应获得应急预案制定机关或有关单位的批准并公布。国务院办公厅在《关于加强企业应急管理工作意见的通知》中明确提出："建立企业预案的评估管理、动态管理和备案管理制度，按照分类管理、分级负责的原则报当地政府主管部门和上级单位备案，并告知相关单位。备案管理单位要加强对预案内容的审查，实现预案的有机衔接。"

按照国家统一领导、综合协调、分类管理、分级负责、属地为主的原则，我国企事业单位应急预案、重大活动应急预案的批准、备案和公布等事项要按照国家相关法律、行政法规，企业所在地安全监管部门的有关要求等进行审查备案和相关部门备案。

2. 预案的动态管理

随着社会、经济和企业所处环境的变化，应急预案中包含的各种信息可能会发生变化；另外，在应急预案的实施过程中，应急预案可能会暴露出存在的缺陷和问题。因此，必须对应急预案进行动态更新，才能保证应急预案的有效性。应急预案的动态更新包括应急预案的适时修改和定期修订。

（1）应急预案的适时修改。应急预案的适时修改是对应急预案暴露出的问题及时进行修改。应急预案的适时修改应制定相应的修改程序。通常做法是：提出修改预案的部门应提出应急预案修改申请，说明修改的内容、原因等事项，并经所在部门审核，报应急预案制定部门批准。应急预案制定部门根据应急预案发放清单，将应急预案更改单及时发送给各有关部门。各有关部门按照应急预案更改单，更改所持有的应急预案中的有关内容，并在应急预案中的更改页上进行登记。

（2）应急预案的定期修订。应急预案管理中应对应急预案的定期评审和修订时机做出规定，其目的是系统地重新评估和确认应急预案经历较长时间后的现实适应性。发达国家在这方面的做法值得借鉴，一般在相关法律、法规中对预案评审有明确的时间规定。在我国，一些发布的法规、条例也对应急预案评审时机做了说明，如《使用有毒物质作业场所劳动保护条例》对高毒物品作业场所的应急预案评审时机做了规定。

总体上，应急预案评审时机应遵循下述原则：

1）遵循国家相关法律、法规的规定，定期进行评审。

2）培训演练和应急救援过程中发现重大问题。

3）国家相关法律、法规、标准发生重大变化。

4）应急预案相关机构和人员发生重大职能调整。

5）潜在的重大突发事件发生重大变化。

6）应急预案经多次修改后需要进行重新修订。

7）其他应急预案修订的情形。

一般情况下，应急预案定期修订周期应遵守有关法律、行政法规规定，没有规定的，定期修订周期不超过3年。应急预案的修订程序是：在对应急预案进行全面、系统的评估后，其修订过程应按照制定程序重新审核、审议、批准、备案和发布。

3. 预案的备案管理

为逐步建立和完善“横向到边，纵向到底”的安全生产事故应急救援体系，保障安全生产事故应急救援工作高效、有序地进行，必须加强安全生产事故应急预案管理。地方政府有关部门制定的安全生产事故应急预案要报上一级人民政府有关部门和安全监管部门备案。生产经营单位的安全生产事故应急预案要报所在地县级以上人民政府安全生产监督管理部门和有关主管部门备案，并告知相关单位。中央管理企业的安全生产事故应急预案，应按属地管理的原则，报所在地的省（区、市）和市（地）人民政府安全生产监督管理部门和有关主管部门备案；中央管理企业总部的安全生产事故应急预案报国家安全生产监督管理总局和有关主管部门备案。

第七章 安全员应急救护常识

做好石油化工生产现场急救工作的目的在于尽可能地减少伤员的痛苦，防止病情恶化，防止和减少并发症的发生，挽救濒临死亡人员的生命，提高存活者的生命质量，降低死亡发生率。现场急救的关键在于“及时”。大量实践表明，2 min 内进行急救，成功率达 70%；4 min 内进行复苏者，可能 50%存活；4～6 min 开始进行复苏者，10%可以救活；超过 6 min 者，存活率仅为 4%；10 min 以上复苏者，存活可能性很小。因此，在石油化工生产现场做急救工作，关系到伤员生命的安危和健康的恢复，是石油化工安全生产的一件大事。

第一节　现场创伤急救

一、现场急救步骤

现场急救采取以下五个步骤：

1. 立即将伤员从危险处移到通风正常、无淋水的安全区域。

2. 立即将伤员口、鼻内的黏液、血块、泥土等除去，并解开上衣、腰带，脱掉胶鞋。

3. 根据伤员心跳、呼吸、瞳孔的特征及伤员的神志情况，初步判断伤情的轻重程度。

4. 对呼吸、心跳停止者立即实施有效的心肺复苏。

5. 对现场伤员按照通气、止血、包扎、骨折固定和搬运护送五项基本技术进行积极的创伤初步救治。

二、对现场伤员伤情程度的判定

正常人心跳为60～100次/min，呼吸为16～20次/min，双侧瞳孔等大、等圆，对光反应灵敏，而且神志清醒。休克伤员的瞳孔往往不一样大，对光反应迟钝或无收缩。

对伤员的休克程度可根据表7—1做出基本判断。

表7—1　　休克程度分类

休克程度		轻度	中度	重度
神志		清楚，表情痛苦，紧张	模糊或瞌睡	迟钝或不清或昏迷
脉搏		稍快，尚有力	快而弱	细弱或摸不到
呼吸		略快	快而浅	困难
口渴程度		口渴	很口渴	非常口渴
皮肤黏膜	色泽	开始苍白	苍白或出现花纹斑	显著苍白，肢端青紫
	温度	正常或发凉	发冷或湿而凉	冰凉
尿量		正常或减少	明显减少	尿量少或无尿
血压		收缩压正常或稍高，舒张压增高，脉压缩小	明显下降，收缩压为70～90 mmHg	收缩压为70 mmHg以下或测不到
估计失血量		20%以下（800 mL以下）	20%～40%（800～1 600 mL）	40%以上（1 600 mL）

三、心肺复苏术

心肺复苏术是对心跳、呼吸骤停者所采取的最初紧急措施。

伤员心跳、呼吸突然停止时的特有表现包括：意识突然消失，伤员昏倒于各种场合；面色苍白或转为紫绀；瞳孔散大；部分伤员有短暂的抽搐，头眼歪斜，随即出现全身肌肉松软现象。

心跳停止与否，应做综合判断。首先判断意识，然后再做进一步判断。

1. 判断意识和畅通呼吸道

(1) 判断昏倒的人有无意识。轻摇伤员肩部，高喊“喂，你怎么啦”或大声直呼其名，若无反应，立即掐人中、合谷穴 5 s，无反应者可判断其已无意识。

(2) 呼救。一旦确定伤员昏迷，应立即招呼周围群众协助抢救，以免一个人劳累影响抢救效果，同时应让协助者拨打“120”或其他求救电话。

(3) 迅速将伤员放置于平整而坚实的地板或木板上，解开伤员的上衣，露出胸部（或留内衣），将伤员的双手放于身体两侧，双下肢可抬高 20°～30°。

(4) 开放呼吸道。抢救者一只手置于伤员前额使其头部后仰，另一只手的食指和中指抬起下颌，使伤员处于仰头举颌位。

(5) 畅通呼吸道后，用眼观察伤员胸部有无起伏，用面部感觉伤员呼吸道有无气体排出，耳听伤员呼吸道有无气体通过的声音，从而判断有无呼吸。

(6) 抢救者通过触摸颈动脉了解心搏情况，可用食指及中指指尖触及气管正中。男性可触及喉结，然后向旁滑移 2～3 cm，在气管旁软组织深处轻轻触摸颈动脉，未触到搏动者，说明心搏已停。

判断要综合审定，如无意识再加上触摸不到肱动脉（肘窝处）、桡动脉（腕部），即可判定心搏已经停止。

2. 人工呼吸

(1) 口对口人工呼吸的要领

1) 在保持呼吸道畅通和伤员口部张开的前提下进行。

2) 用手按住伤员前额，一只手的拇指和食指捏闭伤员的鼻孔，即鼻翼下端。

3) 抢救开始后，首先吹气两口，以扩张萎缩的肺脏，并检验开放呼吸道的效果，每次吹气要快，时间为 1.5～2 s。

4) 抢救者深吸一口气后，张开口紧贴伤员的嘴，并要把伤员的嘴完全包住。

5) 用力向伤员口内吹气，吹气要求快而深，直至伤员胸部上抬。

6) 一次吹气完毕，立即与伤员口部脱离，目视伤员胸部，吸入新鲜空气，以便做下一次人工呼吸，同时放松捏鼻的手指，以便伤员的鼻孔呼气，此时伤员胸部向下塌陷，并有气流从鼻孔排出。

7) 每次吹气量为 800～1 200 mL。

(2) 口对口人工呼吸的注意要点

1) 口对口呼吸可垫上一层薄的织物，如纱布等。

2) 每次吹气量不要过大，若大于 1 200 mL 可造成胃部进入大量空气。

3) 吹气时暂停按压胸部。

4) 儿童吹气量需视年龄不同而异，以胸部上抬为准。

5) 有脉搏无呼吸者，每 5 s 吹气一次，也就是每分钟吹气 10～12 次。若伤员牙关紧闭不能张口，口腔有严重损伤者，可改用口对鼻人工呼吸法。

(3) 口对鼻人工呼吸的要领

1）开放伤员呼吸道。

2）使伤员口部紧闭。

3）深吸气后用力向伤员的鼻孔吹气。

4）呼气时，使伤员口部张开，以利于气体排出。

5）观察方法及注意要点同口对口人工呼吸。

（4）仰卧压胸法的要领。让伤员仰卧，救助者跨跪在伤员大腿两侧，两拇指向内，其余四指向外伸开，平放于伤员胸部两侧乳头之下，借上半身的重力压伤员胸部，挤出肺内空气。然后，救助者身体后仰，除去压力，伤员胸部因其弹性自然扩张，使空气吸入肺内，如此有节律地进行，要求16～20次/min。此法不能与胸外心脏按压同时进行，也不适用于胸部外伤或SO_2、NO_2中毒者。

（5）俯卧压背法的要领。操作大致与仰卧压胸法相同，只是伤员取俯卧位。此法适用于溺水急救，以便于排出肺内水分。

3. 心脏复苏

（1）心前区叩击术。在心脏停搏后90 s内，心脏的应激性是增强的，叩击心前区，往往可使心脏复跳。操作方法：心脏骤停后立即叩击心前区，叩击力中等，一般可连续叩击3～5次，并观察脉搏及心音。若恢复，则表示复苏成功；反之，则立即放弃，改为胸外心脏按压术。

（2）胸外心脏按压术。伤员仰卧于地上或硬板床上，按胸骨中下1/3交界处，按压频率为80～100次/min，按压深度为4～5 cm（有胸骨下陷的感觉即可）。按压应平稳而有规律地进行，不能间断。按压15次应做2次人工呼吸，做人工呼吸时，暂停按压。如此操作直至协助抢救者赶来或专业医务人员赶到。

按压部位的快速测定方法：首先以食指、中指沿伤员的肋弓处向中间滑移，两肋骨的交界点即胸骨下切迹。以下切迹为界，而不是以剑突为界。切迹上两横指即为按压区。一只手掌根紧挨食指放于按压区，另一只手掌根重叠放于第一只手上，使手指脱离胸壁。抢救者双臂绷直，双肩位于伤员胸前上方正中，垂直向下用力按压。

4. 心肺复苏的有效指标

（1）复苏有效时，面色由紫绀转为红润。如面色灰白，说明复苏无效。

（2）复苏有效时，可见伤员眼球活动，甚至手脚开始活动。

（3）出现自主呼吸，如自主呼吸微弱，仍应坚持口对口呼吸。

（4）复苏有效时，可见瞳孔由大变小，并对光有反应。如瞳孔由小变大且固定，说明复苏无效。

5. 现场人员停止心肺复苏的条件

（1）威胁人员安全的现场危险迫在眼前。

（2）呼吸和循环已有效恢复。

（3）由医师或其他人员接手并开始急救。

（4）医师已判断伤员死亡。

四、对烧伤人员的急救

1. 迅速扑灭伤员身上的火苗，使其尽快脱离火源，缩短烧伤时间。

2. 立即检查伤员伤情，检查呼吸、心跳，以及有无其他外伤或有害气体中毒；对于爆炸冲击烧伤人员，应特别注意有无颅脑或内脏损伤和呼吸道烧伤。

3. 防止休克、窒息、创面污染。伤员因疼痛和恐惧发生休克或发生急性喉头梗堵窒息时，可进行人工呼吸等急救。在现场检查和搬运伤员时，为了减少创面污染和损伤，伤员的衣服可以不脱、不剪开，必须脱衣者在用冷水冲淋后剪开取下。

4. 用较干净的衣服把创面包裹起来，以防感染，小面积烧伤可用清水连续冲洗或浸泡，化学烧伤可用大量流动的清水连续冲洗，尽量不弄破水疱，以保存表皮。

五、对溺水者的急救

人员溺水后，水大量地灌入溺水者肺部，可造成呼吸困难而窒息死亡，所以对溺水人员应采取以下急救措施：

1. 把溺水者救出后，立即送到比较温暖、空气流通的地方，去掉湿衣，松开腰带，盖上衣物保暖。

2. 以最快的速度检查溺水者的口鼻，清除泥水和污物，畅通呼吸道。

3. 控水。使溺水者俯卧，将木料、衣物等垫在其肚子下面，或救护者左腿跪下，把溺水者的腹部放在救护者的右侧大腿上，使溺水者头朝下，并压其背部，迫使其体内的水由气管、口腔排出。

4. 人工呼吸及心脏复苏。上述控水效果不理想时，应做俯卧压背法人工呼吸、口对口人工呼吸及胸外心脏按压。

六、对触电者的急救

1. 立即切断电源，或使触电者脱离电源。

2. 迅速判断伤情，对心搏骤停或心音微弱者立即实施心肺复苏。

3. 用干净衣物包裹创面，避免用有色药物涂抹，其他损伤按创伤急救做相应处理。

第二节　现场急救初步五项基本技术

一、通气

1. 头后仰法

伤员取仰卧位，头、颈、胸处于同一轴线，确保伸直呼吸道，保持通气，具体操作法如图 7—1 所示。

图 7—1　头后仰操作法

2. 稳定侧卧法

当伤员多，救护者缺乏时，伤员昏迷而有呼吸者可采用稳定侧卧法，具体操作法如图 7—2 所示。

3. 用手指清理气道

用一只手的拇指、食指拉出舌头，另一只手的食指伸入口腔和咽部，迅速将血块等异物抠出；若伤员牙关闭合，则可将两食指从伤员口角处插入口腔内顶住下牙齿，两拇指与食指交叉用力打开口腔，清理气道；也可将一食指从伤员口角处插入，经颊部与牙齿间进入口腔，并一直伸至上、下臼齿之间，将口张开。若伤员有呕吐现象，在没有禁忌证的情况下，应将其头部偏向一侧，防止呕吐物误吸入肺部，引起窒息和其他并发症。

4. 托颌牵舌法

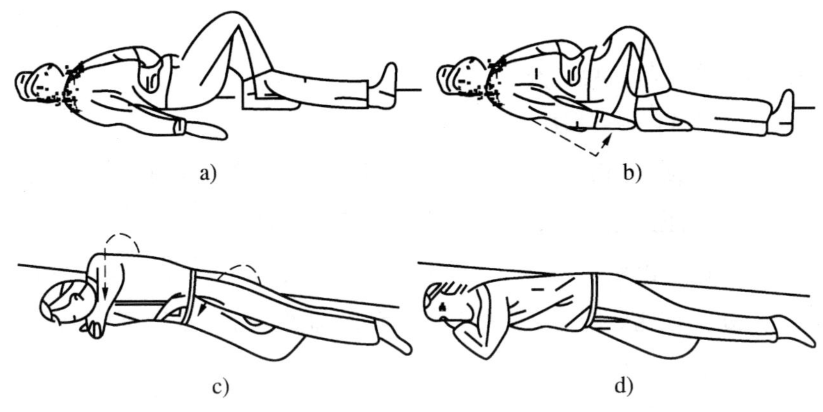

图 7—2 稳定侧卧操作法

a）靠近抢救者一侧腿弯曲 b）同侧手臂置于臀部下方 c）轻柔缓慢地将伤员转向抢救者 d）将位于上方的手置于脸颊下方，下方的手臂置于背后

昏迷伤员的舌后坠堵塞声门，应用手从下颌骨后方托向前侧，将舌牵出使声门通畅，然后用口咽或鼻咽管来维持呼吸。

5. 击背法

使伤员上半身前倾或半俯卧，一只手支托其胸骨，用另一只手的手掌猛击其背部两肩胛骨之间，促使其咳嗽，将上呼吸道的堵塞物咳出。

6. 环甲膜穿刺

环甲膜位于环状软骨和甲状软骨之间，在最紧急的情况下，可用一根粗针头直接穿刺环甲膜通气，或用手术刀在环甲膜上先做 1 cm 皮肤横切口，用刀尖穿通环甲膜，并旋转 90°，然后插入气管导管或其他可用做通气的导管。

二、止血

1. 直接压迫止血法

直接按压出血位置，紧急时可先在出血的大血管处或稍近端用手指加压止血，然后再更换其他方法。

2. 动脉行径按压法

（1）头顶、额部和颞部出血。以拇指或食指在伤侧耳前对着下颌关节，用力压迫颞浅动脉，压迫点如图 7—3 所示。

（2）面部出血。用拇指、食指或中指压迫双侧下颌角前约 3 cm 的凹陷处，在此处压迫明显搏动的面动脉即可止血，如图 7—4 所示。由于面动脉在面部有很多小分支相互吻合，即使一侧面部出血，也要压迫双侧面动脉。

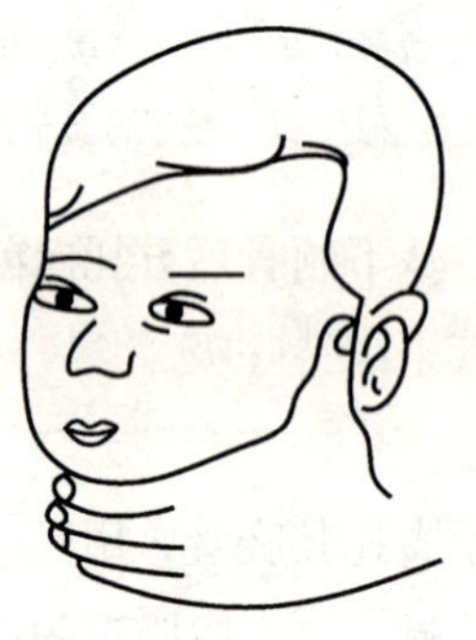

图 7—3 颞浅动脉压迫点

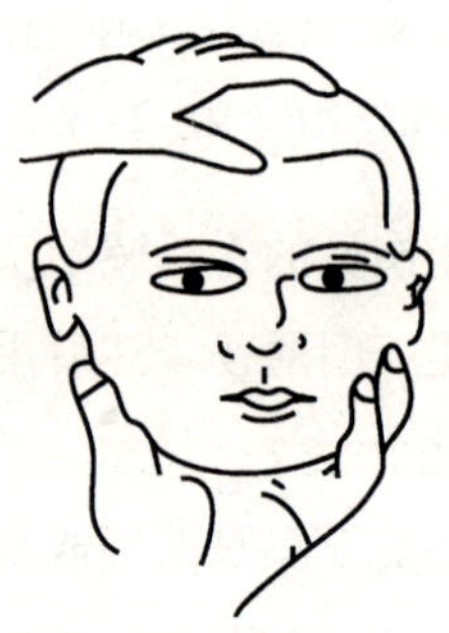

图 7—4 面部出血指压点

（3）一侧耳后出血。用拇指压迫同侧耳后动脉，如图 7—5 所示。

（4）头后部出血。用两手拇指压迫耳后与枕骨粗隆之间的枕动脉搏动处，如图 7—6 所示。

（5）颈部出血。用拇指压迫同侧气管外侧与胸锁乳突肌前缘中点强烈搏动的颈总动脉，向后、向内压下，如图 7—7 所示。此法仅用于非常紧急的情况，压迫时间不宜过长，更不能同时压迫两侧颈动脉；否则，有可能引起脉搏减慢，血压下降，甚至心搏骤停。

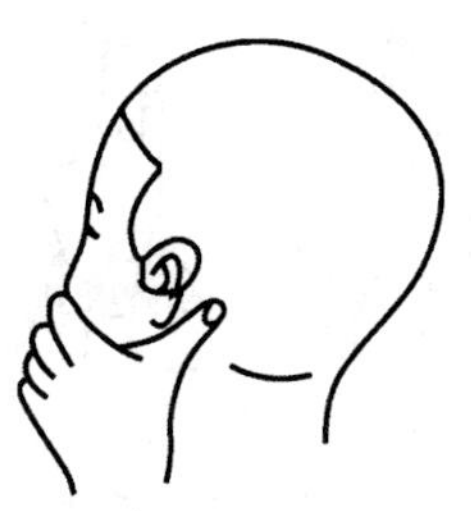

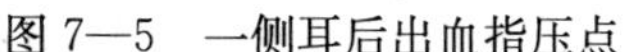
图 7—5　一侧耳后出血指压点

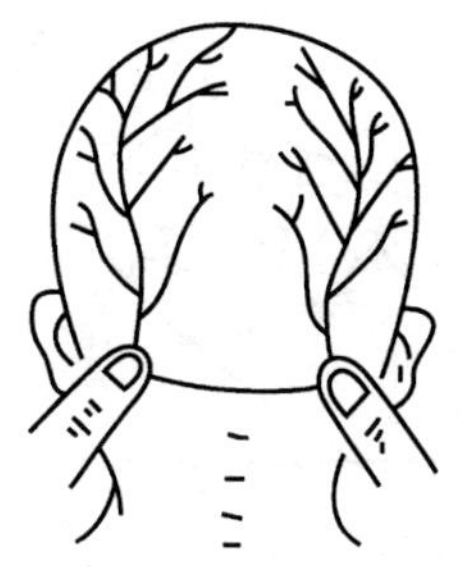
图 7—6　头后部出血指压点

（6）腋窝和肩部出血。用拇指压迫同侧锁骨上窝中部的锁骨下动脉搏动点，用力方向为向下、向后，如图 7—8 所示。

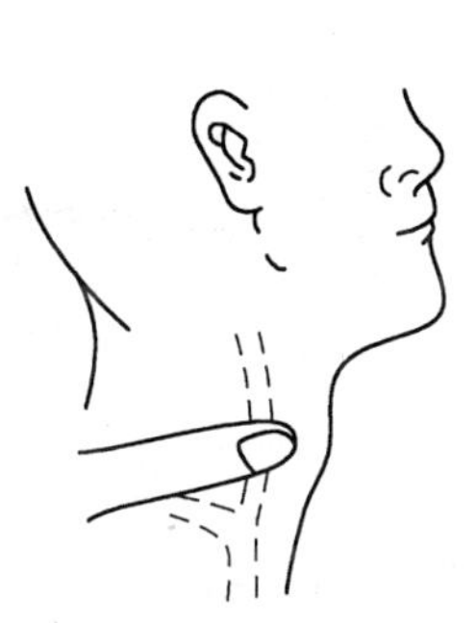
图 7—7　颈总动脉出血指压点

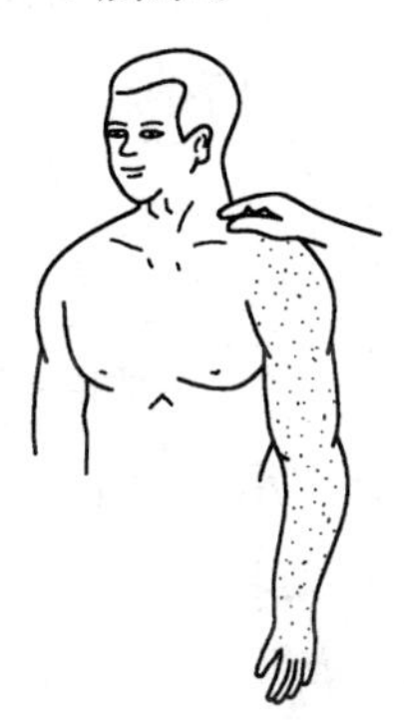
图 7—8　锁骨下动脉指压点

（7）上肢出血。用四指压迫腋窝部搏动强烈的腋动脉，将它压向肱骨以止血。

（8）前臂出血。用手指压迫上臂肱二头肌内侧的肱动脉处，如图 7—9 所示。

（9）手掌、手背出血。用两手拇指分别压迫腕的桡动脉和尺动脉搏动处以止血，如图 7—10 所示。

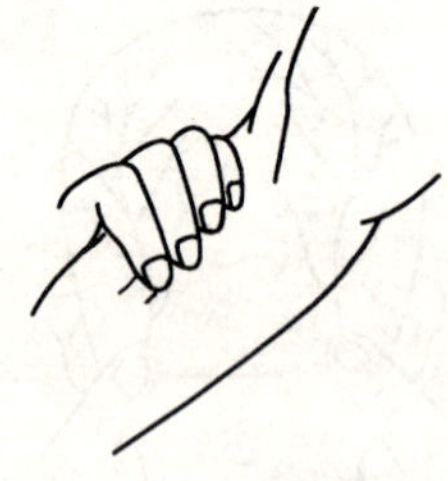

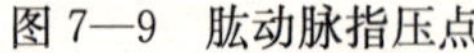

图 7—9 肱动脉指压点

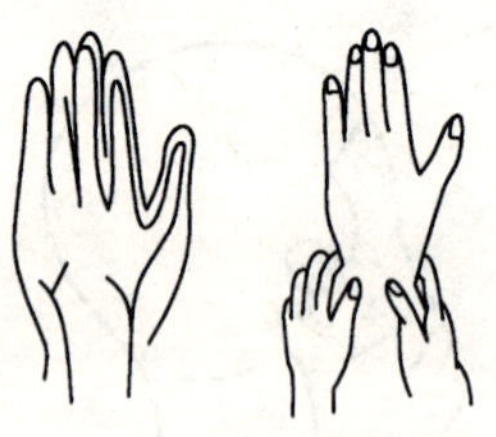

图 7—10 桡、尺动脉指压点

(10) 手指或脚趾出血。用拇指、食指分别压迫手指或脚趾两侧的动脉。

(11) 下肢出血。用拇指及单或双手掌根向后、向下压住跳动的股动脉，如图 7—11 所示。

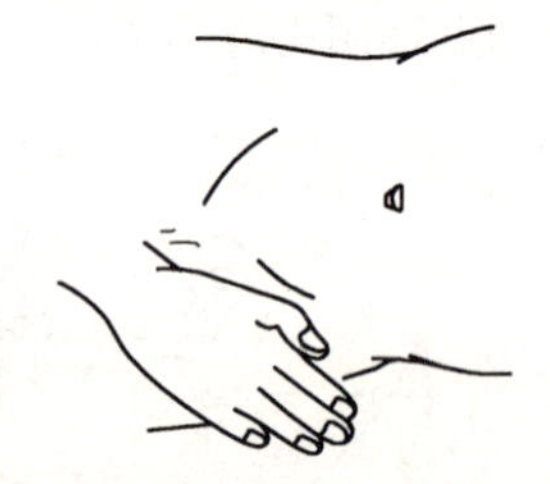

图 7—11 手掌压迫股动脉止血

(12) 小腿出血。一手固定于膝关节正面，另一只手拇指摸到腘窝处跳动的腘动脉，用力向前压迫即可止血。

3. 压迫包扎法

在出血位置加以纱布卷、大块敷料或三角巾等，然后再适当加压包扎。此法常用于一般伤口止血，并应注意松紧适度。

4. 填塞法

对于深部伤口出血，如肌肉、骨端等，一定要用大块纱布、绷带等敷料填充其中，外面再加压包扎，以防止血液沿组织间隙渗漏。处理伤口前要将伤裂的皮肤组织、伤口处的脏物清理干净，所用的填塞物一定要尽量无菌或干净，并且应使用大块敷料，以便既能保证止血效果，又能避免随后做进一步处理时将填塞物遗留在伤口内。此法的缺点是止血不够彻底且会增加感染机会。

5. 加垫屈肢止血法

加垫屈肢止血法适用于单纯压迫包扎止血无效和无骨折的四肢出血，即前臂出血时，在肘窝部加垫，屈肘；上臂出血时，在腋窝内加垫，上臂紧靠胸壁；小腿出血时，在腘窝处加垫，屈膝；膝或大腿出血时，在大腿根部加垫，屈髋，然后用三角巾或绷带将位置固定，如图 7—12 所示。由于采用此法时伤员痛苦较大，故不宜首选，且疑有骨折时忌用此法。

6. 钳夹法

用止血钳直接钳夹出血点最有效、最彻底且损伤最小，建议尽量采用，但需要一定的器械与技术。同时，盲目钳夹有可能损伤并行的血管、神经或其他重要组织。转运搬动时，有可能松脱或撕裂大血管。因此，此法必须准确施行，同时应做好有效的固定。

7. 止血带止血法

止血带能有效地控制四肢出血，但损伤较大，可致肢体坏死、急性肾功能不全等严重并发症，故应尽量少用。此法主要用于暂不能用其他方法控制的四肢大血管损伤性出血，如图 7—13 所示。

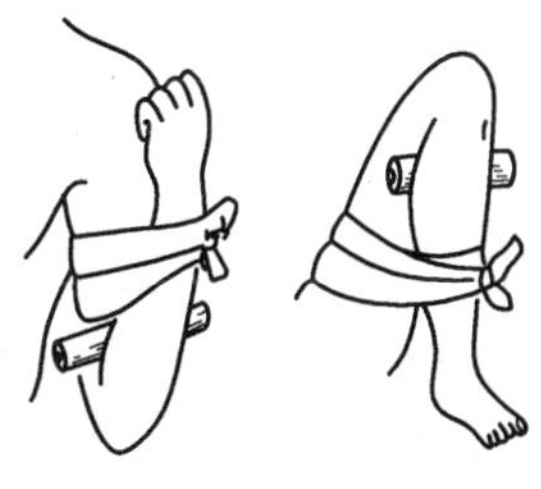

图 7—12　加垫屈肢止血法

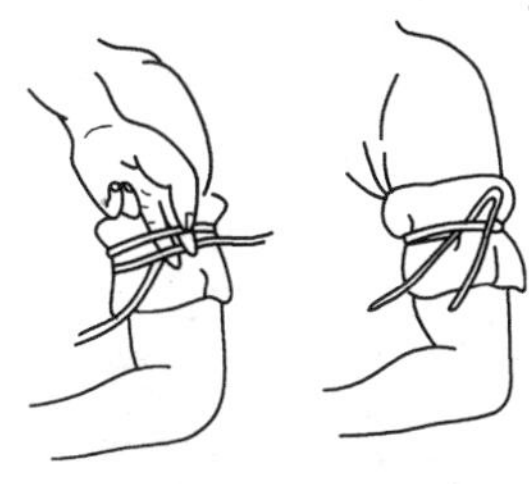

图 7—13　止血带止血法

使用止血带应注意以下几点：

(1) 扎止血带的时间越短越好，一般不超过 1 h，如必须延长，则应每隔 1 h 左右放松 1～2 min，且总时间最长不宜超过 3 h，在放松止血带期间需用指压法临时止血。

（2）必须做出显著标志，注明时间、上止血带的原因等，以便按包扎先后顺序进一步处置。

（3）避免勒伤皮肤，用橡皮管（带）时应先在包扎处垫上数层纱布。

（4）包扎部位原则上应尽量靠近伤口，以减少缺血范围，但上臂止血带不能包扎在中下 1/3 处，而应在中上 1/3 处，以免损伤桡神经。

（5）包扎止血带松紧要适宜，以出血停止、远端摸不到动脉搏动为准。过松达不到止血目的，且会增加出血量；过紧易造成肢体肿胀和坏死。

（6）前臂和小腿一般不宜用止血带，因有两根长骨，使血流阻断不全。所以，应用止血带的部位实际上只能是大腿（股骨干）和上臂（肱骨）中上 1/3 处。

（7）绝不可使用非弹性的绳索、电线甚至铁丝等代替止血带。

（8）需要施行断肢（指）再植术者不应用止血带，如有动脉硬化症、糖尿病、慢性肾病等，其伤肢也须慎用止血带。

（9）在松止血带时，应缓慢松开，并观察是否还有出血，切忌突然完全松开。

三、包扎

包扎是一般皮肤创伤所需的现场救护方法，它具有保护创面、减少污染、止血、固定肢体、减少疼痛、防止继续损伤等作用。

创伤包扎的常用材料有清洁的厚棉垫、布带、绷带、三角巾等。

现场没有上述材料时可就地取材，用毛巾、手帕、衣服等代替。常用的包扎方法有以下几种：

1. 绷带包扎法

（1）环形包扎法。如图 7—14 所示，将绷带做成环形重复缠绕肢体数圈后即成。此法适用于头部、颈部、腕部及胸部、腹部等处。

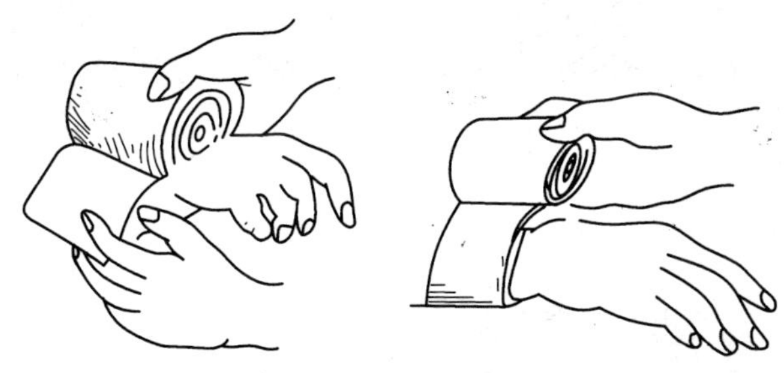

图 7—14　环形包扎法

（2）螺旋形包扎法。先环形包扎数圈，然后将绷带渐渐地斜旋上升缠绕，每圈盖过前圈 1/3～2/3，呈螺旋状。

（3）螺旋反折包扎法。如图 7—15 所示，先做两圈环形固定，采用螺旋形包扎法，待到渐粗处，用一只手的拇指按住绷带上面，另一只手将绷带自此点反折向下，此时绷带上缘变成下缘，后圈覆盖前圈 1/3～2/3。此法主要用于粗细不等的四肢，如前臂、小腿、大腿等。

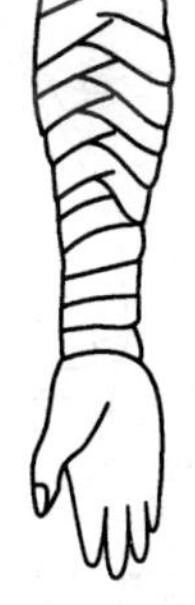

图 7—15　螺旋反折包扎法

（4）“8”字形包扎法。如图 7—16 所示，先在关节中部环形包扎两圈，然后以关节为中心，从中心向两边缠，一圈向上，一圈向下，两圈在关节屈侧交叉，并压住前圈的 1/2。

该法多用于关节处的包扎及锁骨骨折的包扎。

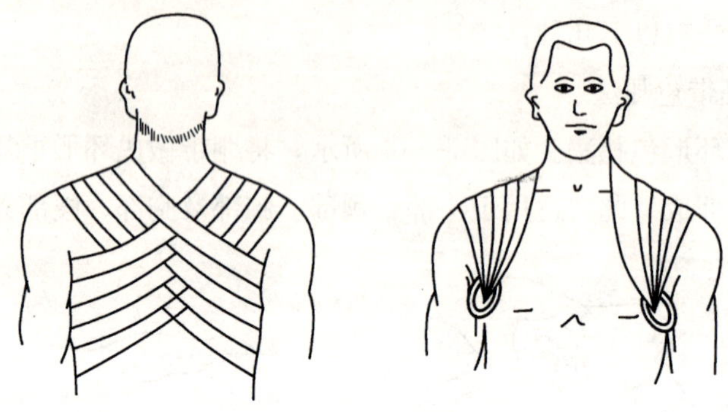

图 7—16 “8”字形包扎法

将 1 m 长的正方形布对角剪开，在顶角各装一条长 50 cm 的带子，即成为两块三角巾。三角巾用途多样，适用于身体各部位的包扎，如图 7—17 至图 7—20 所示。

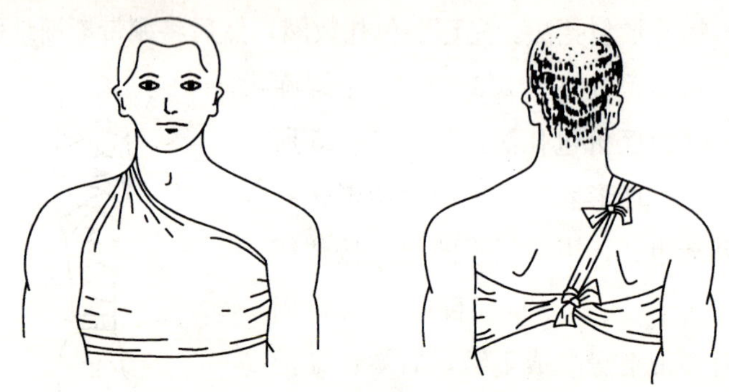

图 7—17 胸背部三角巾包扎法

2. 几种特殊伤的包扎法

(1) 开放性颅脑伤。颅脑伤有脑组织露出时，不要随意还纳，以等渗盐水浸湿的大块无菌敷料覆盖后，再扣以无菌碗，以阻止脑组织

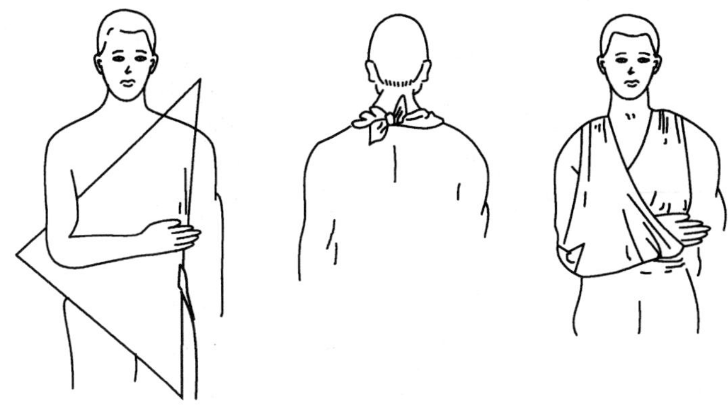

图 7—18　上肢三角巾包扎法

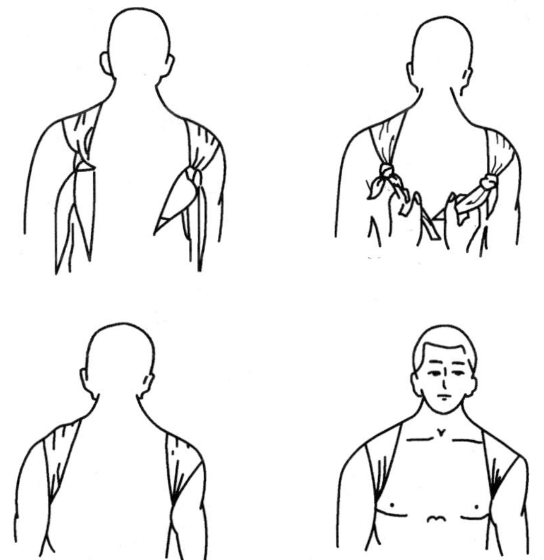

图 7—19　锁骨骨折三角巾包扎法

进一步脱出，然后再进行包扎固定，如图 7—21 所示。同时，伤员取侧卧位，清除口腔内分泌物、黏液及血块等，保持呼吸道畅通。

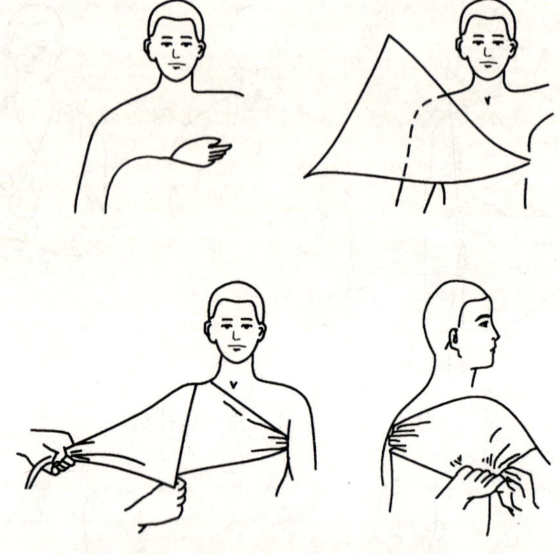

图 7—20　肩部三角巾包扎法

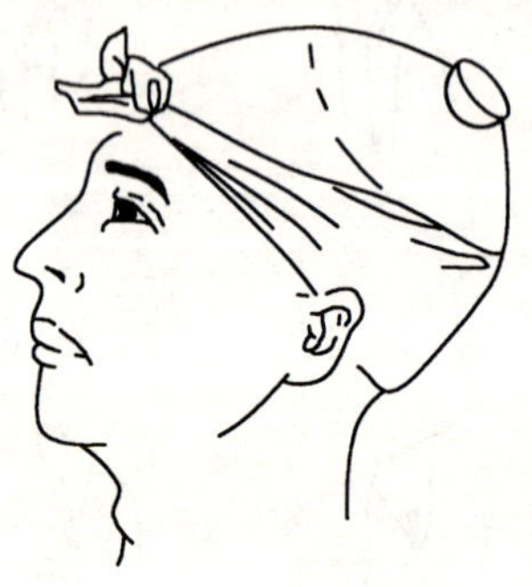

图 7—21　开放性颅脑伤包扎法

（2）开放性气胸。有胸部贯通伤。发生开放性气胸时，应立即以大块无菌敷料堵塞封闭伤口，既帮助止血，更重要的是可将开放性气胸变为闭合性气胸，以防止纵膈扑动和血流动力的严重改变而危及生命。转运途中，伤员最好取半卧位。

（3）腹部内脏脱出。腹部外伤有内脏脱出时，不要还纳，以等渗盐水浸湿的大块无菌敷料覆盖后，再扣以无菌碗或盆等，以阻止肠管等内脏进一步脱出，然后再进行包扎固定，如图 7—22 所示。如果脱出的肠管已破裂，则直接用肠钳将破裂处钳夹后一起包裹在敷料内。注意一定要将直接覆盖在内脏上的敷料以等渗盐水浸透，以免粘连造成肠浆膜或其他内脏损伤，发生肠梗阻或其他远期并发症。

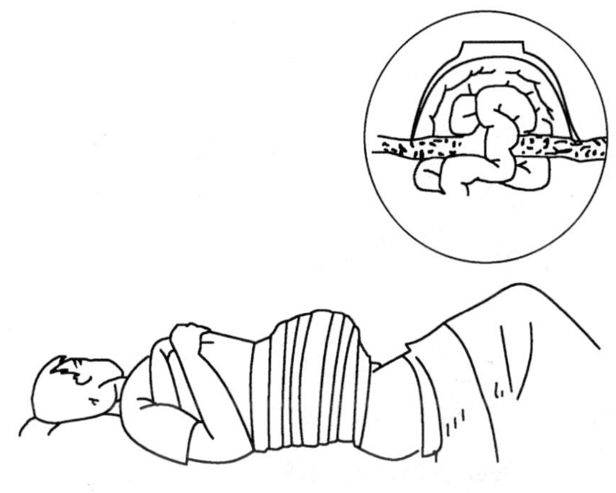

图 7—22　腹部内脏脱出包扎法

（4）异物进入眼球。严禁将异物从眼球中拨出，最好先用一只纸杯固定异物，然后用无菌敷料卷围住，再用绷带包扎。

（5）异物插入体内。刺入体内的刀或其他异物不能立即拔出，以免引起大出血，应用大块敷料支撑异物，然后用绷带固定敷料以控制出血。转运途中需小心保护，以避免移动。包扎范围应超出伤口边缘 5～10 cm。

四、骨折固定

骨折固定可以减轻伤员的疼痛感，防止骨折端位移而刺伤邻近组织、血管、神经，也是防止创伤休克的有效急救措施。

1. 根据伤者受伤部位、症状体征等，先做简单的检查和判断。疑有骨折者按骨折处理；若伤者发生休克，应先行抢救；开放性骨折者，应先处理伤口并止血，然后再进行骨折固定。

2. 进行骨折固定时，应借用夹板、绷带、三角巾、棉垫等。若手边没有这些物品，则可就地取材，用硬木板、木棍、衣服、毛巾等代替，必要时可将伤员伤侧肢体与健侧肢体绑在一起固定。若骨折断端错位或外露，不可进行复位，而应按原伤原状包扎。

3. 骨折固定包括上下两个关节，在肩、肘、腕、股、膝、踝等关节处应垫棉花或衣物，以免压迫关节处皮肤，固定伤肢不能活动过度，不可过松或过紧。

4. 处理骨折时，若有内脏损伤、血气胸等并发症，应先行处理。

5. 怀疑脊柱损伤时，应对伤者进行颈托固定和腰椎保护，在头和腰的两侧各垫枕头或沙袋，并用绷带固定，以免晃动移位。

五、搬运护送

搬运护送原则如下：

1. 必须先在原地实施检伤、包扎止血、固定等救治后再搬运。

2. 呼吸、心搏骤停及休克昏迷者，应先行复苏术。严重颅脑和胸腹外伤者，需先进行急救，然后再搬运。

3. 对昏迷或者有窒息症状的伤员，肩要垫高，头后仰，面部偏向一侧或采取侧卧位，以保持呼吸道畅通。

4. 一般伤员可用担架、木板等搬运。但脊柱损伤的伤员，严禁坐起、站立或者行走，也不能采用一人抬头、一人抬脚或者人背的方法搬运。必须固定在中立位，颈椎、脊柱要避免弯曲和扭转，以免加重损伤，造成高位截瘫或死亡，而且要用硬板担架护送。

5. 搬运过程中严密观察伤员的面色、呼吸、脉搏等，必要时及时抢救。

第三节　急性中毒现场抢救

1. 切断毒源和脱离中毒现场，迅速将中毒者转移至通风良好、空气新鲜处。

2. 一般处理：保暖，避免活动和紧张；解开衣领，保持呼吸道畅通，用简易方法给氧，有条件者可用呼吸器或急救吸痰器。

3. 维持循环和呼吸功能，对心搏、呼吸停止者，施行正确、有效的心肺复苏术，不宜轻易放弃。

4. 体表或眼睛遭刺激性、腐蚀性化学物污染时，应立即脱去衣服，用大量温水进行淋浇，反复冲洗，一般冲洗 15～30 min。

当伤员出现眼睛红肿、流泪、畏光、咳嗽、胸闷现象时，说明是 SO_2 中毒。当伤员出现眼睛红肿、流泪、喉痛及手指和头发呈黄褐色现象时，说明是 NO_2 中毒。对 SO_2 和 NO_2 中毒者，只能进行口对口人工呼吸，不能进行压胸或压背法人工呼吸，否则会加重病情。